多圈 QFN 封装热-机械可靠性研究

夏国峰　著

北京出版集团
北 京 出 版 社

图书在版编目（CIP）数据

多圈QFN封装热-机械可靠性研究 / 夏国峰著. — 北京 : 北京出版社，2022.1
ISBN 978-7-200-16366-7

Ⅰ. ①多… Ⅱ. ①夏… Ⅲ. ①封装工艺－可靠性－研究 Ⅳ. ①TN405.94

中国版本图书馆CIP数据核字(2022)第008721号

多圈QFN封装热-机械可靠性研究
DUOQUAN QFN FENGZHUANG RE-JIXIE KEKAOXING YANJIU

夏国峰 著

出　版　北京出版集团
　　　　北京出版社
地　址　北京北三环中路6号
邮　编　100120
网　址　www.bph.com.cn
总发行　北京出版集团
经　销　新华书店
印　刷　三河市天润建兴印务有限公司
开　本　787毫米×1092毫米　16开本
印　张　10
字　数　201千字
版印次　2022年1月第1版　2023年9月第1次印刷
书　号　ISBN 978-7-200-16366-7
定　价　48.00元
质量监督电话　010-58572697，58572393
如有印装质量问题，由本社负责调换

前言

电子器件市场对低成本、高可靠性及更高 I/O 密度的需求推动先进封装技术不断发展。近年来 QFN 封装，尤其是具有高密度特征的多圈 QFN 封装成为应用最广、增长最快的主流封装形式之一，备受世界注目。

本书针对多圈 QFN 封装系列产品在设计、封装制造工艺和服役阶段整个过程的热机械可靠性问题展开研究，主要采用数值模拟技术，并结合理论分析、实验测试和正交实验设计方法，以提升封装产品良率和服役可靠性为目标，优化结构参数、材料参数和封装工艺参数，在产品研发设计阶段即协同解决封装工艺过程中和服役可靠性问题，提供合理的产品设计方案，并达到缩短研发周期的目标。

常规的电子封装工艺开发的技术路线主要以实验测试等为主，虽然是必需的，也十分可靠、有效，但往往花费大、时间周期长。本书是在传统开发流程中加入以现代计算机技术和工艺力学理论和方法为基础的仿真过程，其作用和意义主要有：

（1）在设计阶段，通过计算机仿真，可在参数物理试验之前，先行对方案进行低成本筛选、优化，可有效降低试验次数、节省开支、缩短开发周期。而且，在工艺技术试验即失效分析之后，通过计算机仿真分析，同样可以快速低成本发现失效的原因，为修订和完善工艺技术方案提供指导。计算机仿真由于效率高、可视化程度高（即任何细节，如变形、应力等，均可在屏幕上一目了然地显示出来），已成为先进企业产品开发的必备手段和必备流程。

（2）采用了田口正交试验方法、变异分析法等先进工艺设计法，再结合计算机仿真方法，可高效快速解决翘曲、分层、焊点热疲劳、散热等可靠性问题，缩短工艺开发周期。

由于时间仓促，水平有限，书中难免存在不足之处，望读者批评指正。

作者：夏国峰
单位：重庆三峡学院

目录

第1章 绪论

1.1 电子封装技术与多圈 QFN 封装

随着电子信息产业的快速发展，集成电路产业已经逐渐演变为集成电路设计产业、晶圆制造产业和电子封装测试产业三个相对独立的组成部分。集成电路是电子信息产业的核心，而集成电路芯片功能的正常实现需要与外部环境进行信号的交换，这就需要电子封装技术对集成电路芯片进行封装组成半导体器件，以实现与外部环境的信号交换。

电子封装技术是支撑、保护集成电路芯片的必要条件，也是实现其功能的重要保障。美国乔治亚理工学院的 Tummala 等人[1]在微电子封装手册中将电子封装定义为：将一定功能的集成电路芯片，放置到一个与之相应的外壳容器中，为芯片提供一个稳定可靠的工作环境；同时，封装也是芯片输入、输出端向外界的过渡手段，并且能有效地将封装内器件工作时所产生的热量向外扩散，从而形成一个完整的整体，并通过一系列性能测试、筛选和各种环境、机械的实验，来确保器件的质量，使之具有稳定、正常的功能。

1947 年，美国电报电话公司贝尔实验室的 3 位科学家巴丁、布赖顿和肖克莱发明了第 1 只晶体管，同时开创了微电子封装的历史。经过十年的发展，1958 年科学家成功的研制出了第一块集成电路，大大推动了电子封装技术的发展。随后，电子封装领域又陆续开发出了双列直插式引线封装（Double In-line Package—DIP）、四边扁平引线封装（Quad Flat Package—QFP）、针栅阵列封装（Pin Grid Array—PGA）等技术。20 世纪 90 年代初科学家研制开发出了球栅阵列封装（Ball Grid Array—BGA）和四边扁平无引线芯片封装（Quad Flat No-lead Package—QFN）。进入 21 世纪，电子封装技术得到了快速发展，新型电子封装技术层出不穷，高密度多圈 QFN 封装技术、倒装芯片（Flip Chip—FC）技术、细节距微凸点（Micro Bump）技术、晶圆级封装（Wafer Level Package—WLP）、硅通孔（Through Silicon Via—TSV）技术和 3D 封装技术等成为引领电子封装技术发展的重要方向。

如图 1－1 所示，电子封装主要分为 3 个封装层次，分别为一级封装、二级封装和三级封装。具有集成电路的硅晶圆制造完成后，对硅晶圆进行切割形成单颗的芯片，将芯片封装成单芯片组件（Single Chip Module—SCM）和多芯片组件（Multi-chip Module—MCM）称为一级封装。将一级封装和其他元器件一起组装到单层或多层 PCB 等基板上称为二级封装。将二级封装插装到母板（Mother Board）上组成三级封装。

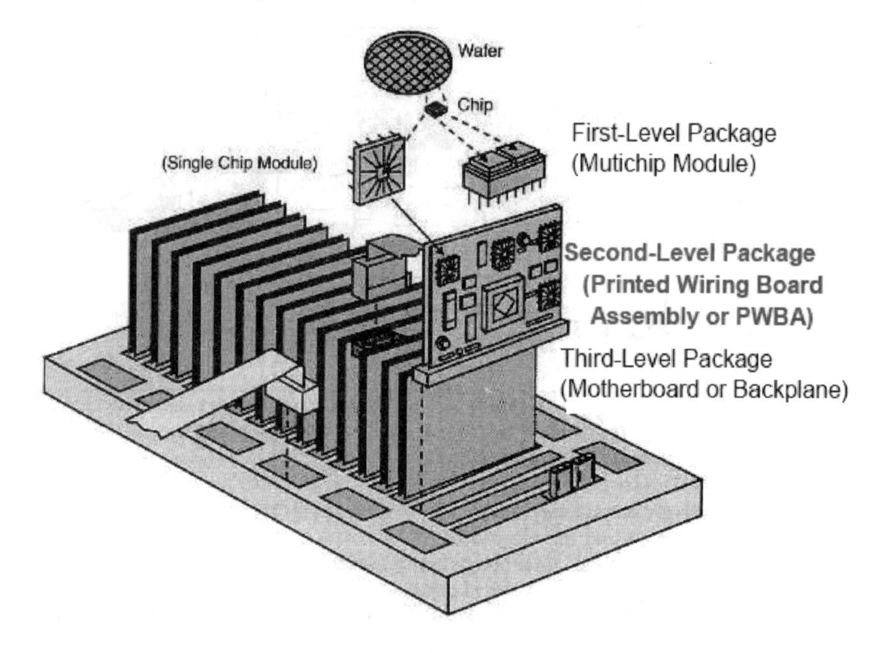

图 1－1　电子封装层次示意图

电子封装通常具有 4 种功能[2]：

（1）电源分配。首先，电子封装为集成电路芯片提供电源，使电路流通。其次，根据电子封装的不同部位所需的电源不同，提供合理的电源分配，在降低功耗的同时减少不必要的损耗。

（2）信号分配。尽可能减小电信号的延迟，尽可能使信号线与芯片的互联路径及通过封装的 I/O 引出的路径最短。对于高频信号，还要考虑信号间的串扰，以进行合理的信号分配布线和接地线分配。

（3）散热通道。各种电子封装都要考虑器件、部件长期工作时如何将聚集的热量散出的问题，还要考虑附加热沉或使用强迫风冷、水冷方式，以保证器件在使用温度要求范围内正常工作。

（4）机械支撑和环境保护。电子封装为芯片和其他部件提供牢靠的机械支撑，并能适应各种工作环境和条件的变化。在半导体芯片制造过程和使用过程中，各种环境因素可能对半导体器件的稳定性、可靠性造成很大影响。所以电子封装还应对芯片提供重要的环境保护功能。

图 1－2 为基于金属框架类封装形式及其厚度的演化。可以看出，封装体的厚度逐渐减薄，并且 QFN 封装的厚度最小。QFN 封装是一种基于金属框架类的新兴表面贴装芯片封装技术，具有良好的热性能、电性能、外形尺寸小、成本低以及高生产效率等优点，在 20 世纪 90 年代得到了广泛的应用，引发了电子封装技术领域的一场新的革命。

如图 1－3 所示，QFN 封装的外形尺寸小，引脚围绕芯片载体呈周边排列，通常采用

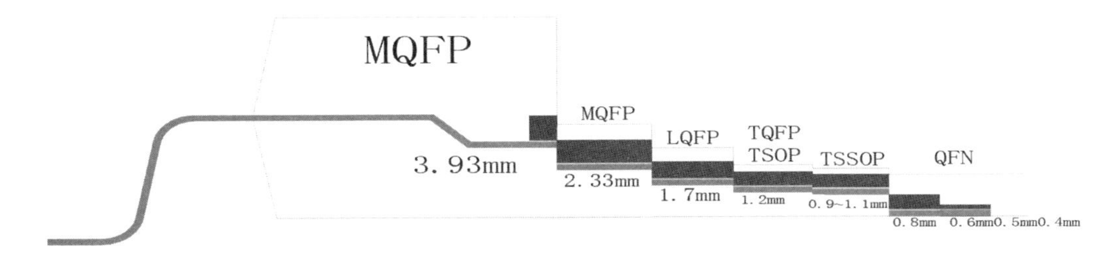

图1－2 金属框架类封装及其厚度演化

塑封料作为包封材料。与传统封装的小外形封装（Small Outline Package—SOP）封装相比，QFN 封装不具有鸥翼状引线，导电路径短，自感系数及阻抗低，从而可提供良好的电性能，可满足高速和微波的应用。裸露的芯片载体提供了卓越的散热性能，可将芯片产生的热量有效释放。

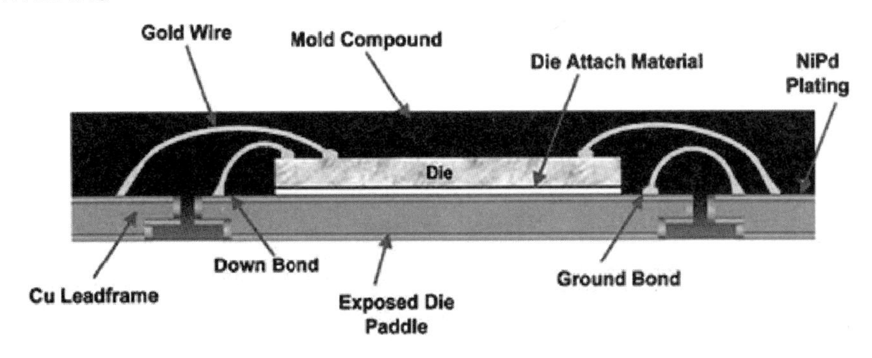

图1－3 QFN 封装的剖面示意图[3]

随着集成电路集成度的不断提高和功能的不断增强，集成电路的 I/O 数随之增加，要求电子封装的引脚数也相应增加，但是传统的 QFN 封装的引脚仅围绕芯片载体呈单圈排列，限制了引脚数量的提高，满足不了高密度、高 I/O 集成电路的需要。多圈 QFN 封装技术是在传统单圈引脚排列的 QFN 封装技术上发展起来的一种高密度封装技术。相比单圈 QFN 封装，多圈 QFN 封装的引脚数更高、外形尺寸更小、具有广阔的市场应用前景，主要市场包括移动通信、智能终端、MEMS 等领域。全球主要封装测试企业在多圈 QFN 封装技术上都进行了精心的布局。

图1－4为 Amkor 公司的多圈 QFN 封装示意图。Amkor 公司多圈 QFN 封装的制程能力：封装体大小范围为5～13 mm，封装体的厚度范围为0.4～2.0 mm，I/O 数最高达180，引脚的最高圈数为2圈。

图1－4 Amkor 公司的双圈 QFN 封装[3]

图 1－5 为 STATSChipPAC 公司的多圈 QFN 封装示意图。STATSChipPAC 公司多圈 QFN 封装的制程能力：封装体的大小范围为 6～15 mm；封装体的厚度范围为 0.8～1.0 mm；I/O 数的范围为 52～700；引脚的最高圈数为 2 圈以上。

图 1－5　STATSChipPAC 公司的多圈 QFN 封装[4]

图 1－6 为 ASE 公司的多圈 QFN 封装示意图。ASE 公司多圈 QFN 封装的制程能力：封装体的大小范围为 5 mm 以上，封装体的厚度范围为 0.6～0.85 mm，I/O 数的范围为 40～400，引脚的最高圈数为 2 圈以上。

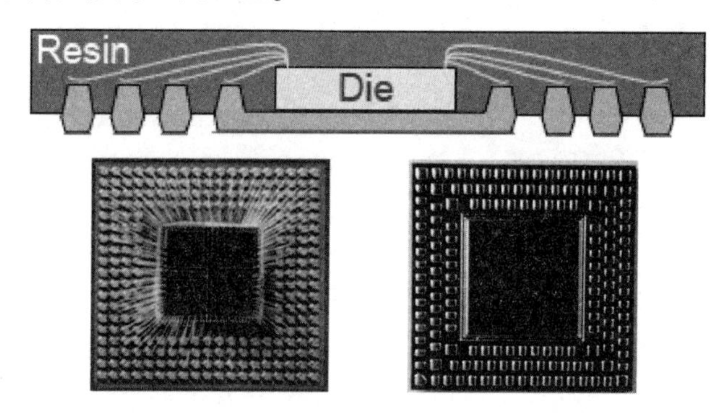

图 1－6　ASE 公司的多圈 QFN 封装[5]

图 1－7 为长电科技公司的 MIS 预包封互联技术示意图，属于多圈 QFN 封装技术。该技术具有超小超薄尺寸、多圈及全阵列外引脚设计、I/O 数最高达 500 等特点。

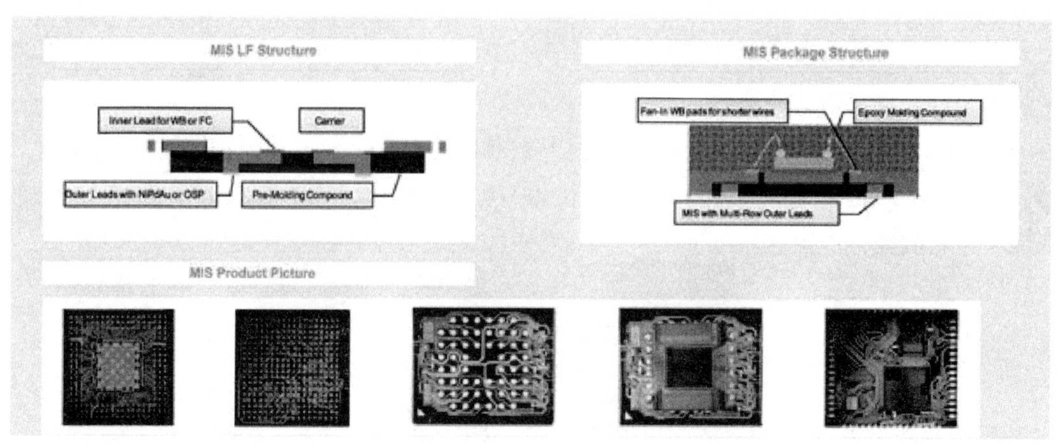

图 1－7　长电科技公司的 MIS 封装技术示意图[6]

图1－8为华天科技公司在国家科技重大专项02专项支持下开发的多圈QFN封装示意图。华天科技公司多圈QFN封装的制程能力：封装体的大小范围为3～15 mm，封装体的厚度范围为0.3～0.85 mm，I/O数的范围为20～441，引脚为多圈及面阵列排列设计。

图1－8 华天科技公司的多圈QFN封装[7]

虽然QFN封装，尤其是多圈QFN封装在外形尺寸、散热性能、电性能等方面优势突出，但是其从封装制造到最终服役需要经历大大小小几十道复杂的工艺步骤，主要工艺步骤如图1－9所示，面临的可制造性与可靠性问题十分突出。

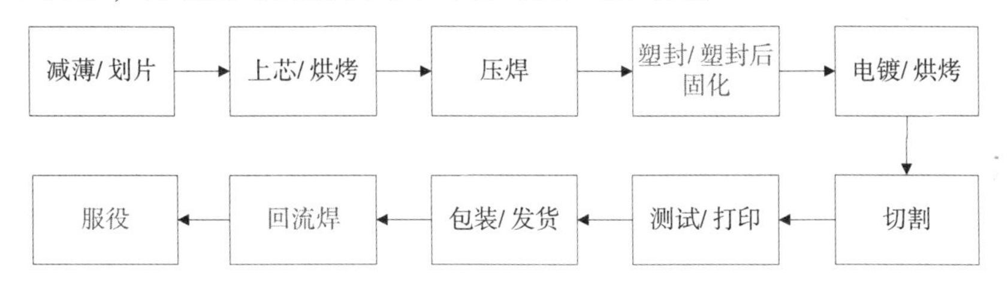

图1－9 QFN封装制造与服役的主要工艺步骤

QFN封装为典型的单面塑封封装形式，由于几何结构的不对称性，在塑封/塑封后固化工艺步极易引起QFN封装条带的过度翘曲，导致后续切割工艺的操作困难和表面贴装工艺的良率下降[8－9]，降低了封装的可制造性。由于QFN封装中塑封料与芯片载体界面的结合强度较低，在回流焊表面贴装工艺步骤中，较高的界面应力水平极易引起塑封料/芯片载体界面分层的发生，甚至导致引线键合焊点的脱落和塑封体的破坏[10－11]。与BGA封装和芯片尺寸封装（Chip Size Package—CSP）等封装形式相比，QFN封装在PCB上形成的焊点高度较低，在服役过程中，由于异种材料之间的热失配引起的焊点应力应变水平较高，导致焊点热疲劳寿命较低[12－13]。同时，随着芯片的功率越来越大，在服役过程中如何快速有效的传输出芯片产生的热量、控制结点温度和热阻成为QFN封装散热性能研究面临的重要挑战[14]。上述可制造性与可靠性问题涉及多圈QFN封装产品的整个封装制造和服役阶段。因此，如何有效协同提高多圈QFN封装的可制造性和可靠性成为产品在研发阶段需要特别关注的问题。

1.2 电子封装可制造性与可靠性数值模拟研究进展

1.2.1 封装翘曲控制与优化

在电子封装工艺过程中，导致封装翘曲的主要因素为异种材料之间的热失配和塑封料固化反应引起的体积收缩。文献 [8-9] 采用有限元法研究了电子封装在温度载荷下的翘曲变形，认为塑封料为线弹性材料，并且忽略了塑封料固化收缩的影响。Egan 等人[17]将封装简化为多层板结构，得到了由于温度载荷引起的翘曲解析解。然而，上述研究工作忽略了塑封料的固化收缩特性，导致预测的翘曲结果与实际结果存在较大差异。Kelly 等人[18]采用实验测量发现，在塑封温度 170℃ 时封装的翘曲明显，指出塑封料的固化收缩对翘曲具有重要影响。Tsai 等人[19]采用有限元法研究了 BGA 封装在不同温度下的翘曲，并与实验测量结果进行对比，研究发现忽略塑封料固化收缩的有限元结果与实验测量结果存在差异明显。文献 [20-21] 结合实验测量和理论方法研究了不同温度载荷下双层板的翘曲，反推得到了塑封料的有效固化收缩。文献 [22-23] 采用平行平板流变仪研究了热固性聚合物材料的固化收缩，研究发现达到凝胶化点后的有效固化收缩与固化度呈线性关系。Sadeghinia 等人[24]采用高压膨胀仪测量了塑封料的固化收缩随固化反应的变化，研究发现固化收缩与固化度呈线性关系。文献 [25-26] 采用膨胀仪实时测量了塑封料在不同温度温和压强情况下的固化收缩，研究发现固化收缩不仅与固化度密切相关，而且与温度、压强等工艺参数密切相关，并拟合得到了用于描述固化收缩与温度、压强和固化度相关的数学模型。

塑封料的材料属性在固化过程中发生巨大变化，其材料本构模型与时间、温度和固化度密切相关。因此选择合理的本构模型，对于正确预测封装翘曲至关重要。Cho 和 Jeon[16]采用有限元法研究了塑封料在不同固化度下的弹性模量对 TSOP 封装翘曲的影响，其中塑封料采用线弹性本构模型，并与实验测量结果进行比较，研究发现不同固化度下的有限元结果差异明显。Kim 等人[27]采用有限元法对比分析了塑封料的线弹性本构模型和粘弹性本构模型对 BGA 封装翘曲的影响，并与实验测量结果比较，研究发现，相比线弹性本构模型，粘弹性本构模型可更好地用于封装翘曲的预测。文献 [28-29] 同样采用有限元法对比分析了塑封料的本构模型对封装翘曲的影响，其中塑封料分别采用考虑了固化收缩的粘弹性本构模型和线弹性本构模型，研究发现采用粘弹性本构模型的有限元结果与实验测量结果更加吻合。Shirangi 等人[30]通过有限元法研究了塑封料/金属双层板的翘曲，其中塑封料采用考虑了固化收缩的粘弹性本构模型，研究发现翘曲的有限元结果和实验测量在低温阶段十分吻合，在高温阶段有差异，这是由于在粘弹性本构模型中忽略了固化度的影响。Vreugd 等人[31]同样采用有限元法研究了塑封料的本构模型对塑封料/金属双层板翘曲的影响，研究发现相比固化相关粘弹性本构模型，粘弹性本构模型和考虑固化收缩的粘弹性本构模型不能准确预测翘曲，说明本构模型中不仅需要考虑塑封料的固化收缩，而且还需要考虑固化过程中松弛模量的演化。Chiu 等人[32-33]采用有限元法分别研究了塑封料/金属双层板和 CSP 封装在塑封后固化工艺过程的翘曲，其中塑封料的材料本构模型采用考虑了固化收缩的固化相关粘弹性本构模型，研究发现有限元结果与实验测量结果十分吻合。Yang 等人[34]采用有限元法研究了 QFN 封装条带在固化过程中的翘曲变形，塑封料的本构模型采用固化相关粘弹性本构模型，其中通过编写材料用户子程序实现对固化相关剪切松弛模量系数的描述。通过上述研究工作可以发现，相比线弹性本构模型和粘弹性本构模型，固化相关粘弹性本构模型能更加准确的描述塑封料在固化过程中的力学行为。

Srikanth[35]采用有限元法研究了塑封料类型、结构尺寸和冷却速率等因素对 TSOP 封装翘曲的影响。Kaija 等人[36]采用有限元法研究了封装结构参数和工艺参数对 SiP 封装在塑封后冷却至室温过程中的翘曲的影响，其中塑封料采用粘弹性本构模型。Qin 等人[37]采用有限元法研究了 PoP 封装工艺过程中结构参数和材料参数对封装翘曲的影响，其中塑封料采用线弹性本构模型，采用单元生死技术实现工艺过程的模拟，采用重启动技术更新塑封料在不同工艺步骤下的材料参数。Wu 等人[38]采用有限元法研究了 BGA 封装条带在塑封后固化和回流焊工艺过程的翘曲，其中塑封料采用粘弹性本构模型，并结合实验设计方法研究了塑封料的材料参数和芯片的结构参数对翘曲的影响。文献［39－42］采用有限元法研究了 QFN 封装条带在塑封工艺至塑封后固化工艺过程中的翘曲，采用单一因子方法和实验设计方法研究了塑封料的热膨胀系数、玻璃转化温度、玻璃态模量、橡胶态模量、固化收缩和填料含量等材料参数，芯片厚度等结构参数以及塑封温度和塑封时间等工艺参数对翘曲的影响，研究发现塑封料的材料参数、填料含量和芯片厚度对翘曲具有重要影响。Chiu 等人[32-33]在研究塑封料/金属双层板和 CSP 封装的翘曲发现，塑封后固化工艺后翘曲增大，塑封后固化工艺时间越长，翘曲越大。Yang 等人[34]采用有限元法研究了具有不同 map 个数的 QFN 封装条带在塑封后固化工艺过程的翘曲，其中塑封料采用考虑了固化收缩的固化相关粘弹性本构模型，研究发现后固化工艺引起的翘曲在总翘曲中占重要部分，map 个数越少，翘曲越大。Teng 等人[26]采用实验设计方法研究了注塑温度、注塑压强、固化时间和固化压强等塑封工艺参数对封装翘曲的影响。Yeung 和 Yuen[41]采用仿真方法研究了 QFP 封装在塑封工艺至后固化工艺过程中的翘曲，研究发现翘曲与塑封工艺密切相关，在较高的塑封温度和较短的固化时间，或者较低的塑封温度和较长的固化时间情况下的翘曲小，同时发现快速冷却情况下的翘曲严重，后固化工艺可减小翘曲。

综上所述，塑封料的本构模型和固化收缩材料特性对封装翘曲的准确预测具有重要影响。一些学者对完全固化的塑封料的本构模型进行了研究，但对固化过程中其力学性能的演化缺少研究。对电子封装的翘曲以及结构参数和材料参数对翘曲影响的研究较为充分，而对塑封和后固化工艺步骤中工艺参数对封装翘曲影响的研究较少。同时，对翘曲控制的研究缺少协同设计方法，对快速翘曲预测模型的研究工作则少有报道。

1.2.2 塑封料/芯片载体界面分层研究

电子封装中塑封料/芯片载体界面的结合强度对于界面可靠性至关重要，相关的实验测量方法已比较成熟，如推晶实验[42-44]、抽出实验[45-47]和弯曲实验[48-50]等方法。近年来，采用分子动力学模拟方法研究界面的张力－位移关系以及界面断裂能的工作也有报道[51-53]。

Zhang 等人[54]采用有限元法研究了 QFN 封装在回流焊工艺过程中塑封料/芯片载体界面的可靠性，发现界面切应力是影响界面分层的重要因素，并且以界面切应力与界面结合强度的比值作为界面分层的评价指标。Yang 等人[55]采用有限元法研究了 eLQFP 封装在回流焊工艺过程中塑封料/芯片载体界面的可靠性，同样以界面切应力与界面结合强度的比值作为界面是否分层的评价指标，并结合实验设计方法研究了结构尺寸和塑封料的材料属性对界面分层的影响。Ariel 等人[45]采用线弹性断裂力学方法，研究了 QFN 封装在回流焊工艺过程中由于湿气膨胀、蒸汽压力和温度载荷引起的各界面分层失效，并且以 J 积分作为界面分层的评价指标，采用实验设计方法研究了封装尺寸、芯片载体/封装的比值和芯片/芯片载体的比值对界面分层的影响。Tay[56-57]采用断裂力学方法，研究了 QFP 封装在回流焊工艺过程中由于湿气膨胀、蒸汽压力和温度载荷引起的塑封料/芯片载体界面的可靠性，并且以能量释放率作为界面可靠性的评价指标。Kim[58]采用有限元方法研究了 SOJ 封装在回流焊工艺过程中各界面的可靠性，并且采用实验设计方法，以界面最大热应力和 J 积分作为评价指标，发现降低塑封料的弹性模量和热膨胀系数可有效降低界面分层风险。文献［59－60］采用有限元法研究了 QFN 封装在回流焊工艺过程中由于湿气膨胀、蒸汽压力和温度载荷引起的塑封料/芯片载体界面可靠性，并且建立了界面分层的评价指标。Hu 等人[61]采用线弹性断裂力学方法，研究了 QFP 封装在回流焊工艺过程中由于湿气膨胀、蒸汽压力和温度载荷引起的塑封料/芯片载体界面分层，并且以能量释放率作为界面分层的评价指标，研究了塑封料的弹性模量、吸湿率和湿膨胀系数的影响。

综上所述，对塑封料/芯片载体界面分层的研究主要采用应力或者应力强度因子作为评价界面是否分层的指标。采用应力评价方法对于有限元网格密度极为敏感，而采用应力强度因子评价方法需预先埋置裂纹，裂纹的位置和长度具有人为性和随意性。同时，对评价 QFN 封装的塑封料/芯片载体界面分层的失效准则和控制界面分层的设计规范的研究少有报道。

1.2.3 QFN 封装焊点热疲劳寿命设计

文献［62－63］采用基于数值模拟的田口正交实验设计方法研究了 WLCSP 封装在温

度循环过程中的热疲劳寿命，讨论了结构、材料和工艺参数的影响。对单圈 QFN 封装焊点热疲劳寿命的研究和仿真设计工作已有一些报道。Tee 等人[64]结合有限元法和实验测试方法研究了 QFN 封装焊点的热疲劳寿命，并研究了封装尺寸、芯片尺寸等结构参数和塑封料的弹性模量和热膨胀系数等材料参数对热疲劳寿命的影响。Vandevelde 等人[65]采用有限元法研究了 QFN 封装的热疲劳寿命，并比较了采用 SnAgCu 和 SnPb 焊料情况的热疲劳寿命，研究发现采用 SnAgCu 焊料的寿命要高于采用 SnPb 焊料的寿命。De Vries 等人[66]采用基于实验测试的单一变量方法研究了温度载荷条件、焊点高度、PCB 厚度和封装尺寸对 QFN 封装热疲劳寿命的影响，并采用基于有限元方法的响应曲面法研究了 PCB 厚度、弹性模量和热膨胀系数的影响。Wilde 和 Zukowski[67]采用有限元法，并结合蒙托卡罗统计方法研究了焊点尺寸和塑封料的弹性模量对 QFN 封装热疲劳寿命的影响。Birzer 等人[68]采用有限元方法研究了芯片功率和 PCB 布层对 QFN 封装在功率循环过程中的热疲劳寿命的影响。Sun 等人[69]采用有限元方法研究了 QFN 封装的热疲劳寿命，并结合温度循环实验得到了热疲劳寿命预测模型。

Retuta 等人[70]采用有限元方法建立了双圈 QFN 封装的切片模型，通过提取关键焊点位置的塑性应变能密度，研究了焊点形状、芯片尺寸和焊盘材料参数对热疲劳寿命的影响。England 等人[71]结合温度循环实验和有限元方法研究了双圈 QFN 封装的热疲劳寿命，并考虑了引脚排列方式和 PCB 中铜层含量的影响，发现双圈 QFN 封装的热疲劳寿命远大于单圈 QFN 封装的热疲劳寿命。Diot 等人[72]采用有限元法建立了双圈 QFN 封装的三维切片模型，将有限元结果与实验测量结果进行比较，发现差异在 8% 以内，并采用有限元法研究了封装厚度、PCB 厚度、芯片尺寸、引脚尺寸和间距以及焊点高度和形状对热疲劳寿命的影响。Li[73]采用有限元法建立了多圈 QFN 封装的有限元模型，研究了封装和芯片尺寸、PCB 上铜垫的设计和引脚尺寸对热疲劳寿命的影响。

上述研究主要关注结构参数、材料参数对焊点热疲劳寿命的影响，但是缺少考虑可制造性的协同设计方法。同时，对 QFN 封装，尤其是多圈 QFN 封装焊点热疲劳寿命分析与设计的相关研究还比较少。

1.2.4　QFN 封装散热性能研究

Chen 等人[74]采用有限差分法研究了 PCB 尺寸和有、无热沉对双圈 QFN 封装的结点温度和热阻的影响，并将仿真结果与实验测量结果进行比较，发现十分吻合。Chiriac 等人[75]采用有限差分法研究了封装尺寸、芯片载体尺寸、粘片胶类型以及 PCB 有、无热孔等因素对 QFN 封装散热性能的影响，研究发现芯片载体厚度对结点温度无明显影响，粘片胶的热导率具有重要影响，并将仿真结果与实验测量结果进行比较，发现十分吻合。Chia 和 Yang[76]采用有限元法研究了 PCB 厚度、PCB 中铜层数量和覆铜率对 QFN 封装散热性能的影响，研究 PCB 厚度越小、铜层数量越多、覆铜率越高，热阻越小。Chang 和

Hsieh[77]对比了 QFN 封装在不同风速下散热分析的有限元模型和计算流体动力学模型，并与实验测量结果进行比较，研究发现计算流体动力学模型预测的热阻结果更加准确，通过将流体动力学模型中的边界对流换热系数带入有限元模型中，可明显改善预测效果。Ma 等人[78]采用计算流体动力学方法研究了 QFN 封装在不同风速下的热阻，并与实验测量结果进行比较，发现十分吻合。Hoe 等人[79]采用计算流体动力学方法研究了粘片胶的热导率、厚度以及粘片胶中空洞的位置和比例对 QFN 封装热阻的影响。Oca 等人[80]采用有限元法研究了 PCB 尺寸、导热孔的数量与尺寸、导热孔的金属镀层厚度和填充材料的热导率对 QFN 封装散热性能的影响。

上述研究缺少考虑可制造性和可靠性的协同设计方法，建立快速热阻预测模型的研究工作则少有报道。

1.2.5 电子封装可制造性与可靠性多目标协同设计

由上述可知，现有的研究方法仅针对单个或少数几个影响可制造性或可靠性问题的因素进行研究，而忽略了其他可制性或者可靠性问题以及它们之间的相互影响，导致不能从根本上提升电子封装产品的整体良率和可靠性，因此迫切需要将电子封装在制造和服役阶段面临的翘曲、界面分层、热疲劳和散热性能等可制造性与可靠性问题进行协同设计，为产品研发提供全面的设计方案。

对电子封装可制造性与可靠性进行协同设计的研究主要采用多目标优化方法。例如，Xu 等人[81]采用多目标优化设计方法对 CSP 封装焊点在板级温度循环和板级弯曲情况下的可靠性进行了协同设计，首先采用响应曲面法得到各可靠性目标的响应曲面，然后采用极值原理得到协同设计的响应曲面，最后采用差分演化算法找到全域的最优解。研究发现该多目标优化设计方法可有效改善焊点的可靠性。Biswas 等人[82]对倒装芯片封装的一级焊点和二级焊点的热疲劳寿命进行了协同设计，重点研究了芯片厚度、基板厚度和散热片类型等因素的影响。Dowhan 等人[83-84]采用多目标优化设计方法对芯片堆叠封装的翘曲和界面分层进行了协同设计，首先采用实验设计方法找到影响翘曲的显著变量，然后以封装内两处界面的正应力为目标，采用加权客观方法得到多目标的 Pareto 优化解集。Jung 等人[85]采用应力张量线性叠加原理对 TSV-3D 封装中的芯片和封装结构进行了协同设计。Ore 等人[86]采用有限元法对倒装芯片封装的翘曲和散热性能进行了协同设计，重点分析了封装结构、塑封和下填料材料以及有无热沉的影响。Lai 等人[87]采用人工神经网络方法对 WLP 封装的焊点热疲劳失效、再布线层疲劳断裂和聚合物绝缘材料层断裂三个可靠性问题进行了协同设计，并采用遗传算法得到了多目标的 Pareto 优化解集。Ansari 等人[88]对具有凹槽的微通道热沉的散热性能和泵的功率进行了协同仿真设计，结合 Kriging 线性最小二乘算法和混合多目标优化演化算法得到了多目标的 Pareto 优化解集。Kanyakam 和 Bureerat[89]对具有针状翅片凹槽的热忱的散热性能和泵的功率进行了协同仿真设计，重点比较了四种多目标演化算法得到的 Pareto 优化解集。Karajgikar 等人[90]对处理器芯片的最高结点温度和性能进行了协同仿真设计。

上述研究主要针对多种性能指标的协同设计，而没有开展可制造性与可靠性协同设计方面的研究，针对 QFN 封装的可制造性与可靠性协同设计的相关研究更未见报道。

综上所述，随着智能手机、平板电脑等移动终端市场需求驱动电子封装产品向小型化、轻薄化、高密度和高可靠性方向快速发展，如果不协同研究电子封装在制造和服役阶段的各种可制造性与可靠性问题，那么对电子封装可靠性和良率的研究就是不完整的，就无法提供合理、有效的封装设计方案。对于 QFN 封装，尤其是多圈 QFN 封装这些问题更为突出。进行多圈 QFN 的可制造性与可靠性多目标协同设计对于降低生产成本、缩短研发周期、提高可靠性和良率、以及提升产品市场竞争力有重要意义。有鉴于此，对电子封装的可制造性与可靠性进行协同设计研究在近几年逐渐成为研究热点。

本研究针对电子封装的可制造性与可靠性问题，尤其是多圈 QFN 封装的可制造性与热机械可靠性问题开展研究，主要的研究方法如图 1 – 10 所示，主要包括理论分析、实验测试、数值模拟和实验设计方法。所采用的理论分析包括铁木辛柯梁理论、固化相关本构模型和固化相关体积收缩理论等。所采用的实验测试包括推晶实验、翘曲测量实验、回流焊实验和超声波扫描实验。数值模拟包括采用 ANSYS 进行热 – 机械仿真和采用 Flotherm 进行热仿真。所采用的实验设计包括单一因子方法、完全/部分因子方法、响应面方法和田口正交设计方法。

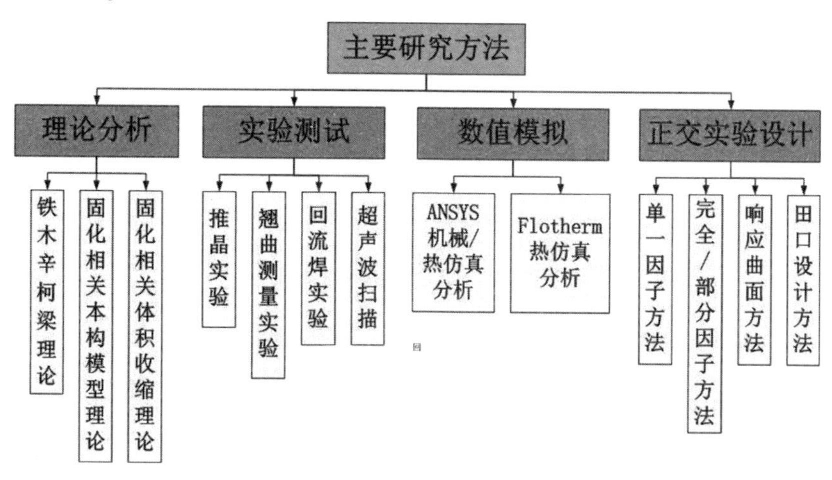

图 1 – 10　多圈 QFN 封装热 – 机械可靠性协同设计研究方法

第2章　塑封料固化反应实验研究与固化动力学模型

2.1　引　言

电子封装通常采用环氧树脂塑封料（Epoxy Molding Compound—EMC），简称塑封料，通过塑封工艺（Molding Process）对集成电路芯片进行包覆密封，形成具有一定结构外形的电子元器件。塑封料为热固性聚合物复合材料，通常是由环氧树脂、固化剂、促进剂、抗燃剂、耦合剂、脱模剂、SiO_2填充料、颜料和润滑剂填料等10多种成分组成的模塑粉或者饼状塑料封装材料，如图2－1所示。

图2－1　塑封料的物理外观

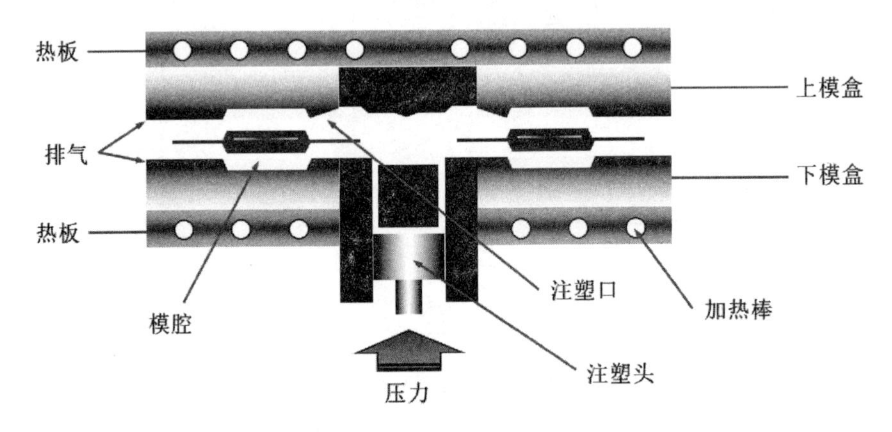

图2－2　塑封工艺流程示意图

电子封装的塑封工艺如图 2－2 所示。首先，将预热的饼状塑封料投入进料口中，加热棒对上、下模盒进行加热达到 175℃左右的塑封温度，使塑封料由固体融化为液态；然后，对注塑头施加压力将液态的塑封料经注塑口挤压入上、下模盒形成的模腔中，包覆芯片并填充满整个模腔，模腔中的空气通过排气口排出；最后，移除上、下模具形成具有一定结构外形的电子元器件[91]。塑封工艺完成后，需进行塑封后固化工艺（Post Molding Cure—PMC），即在 175℃左右的温度环境中存储若干小时，以保证塑封料的材料特性和力学性能达到稳定状态。

在塑封工艺和塑封后固化工艺过程中，塑封料中的环氧树脂与固化剂发生复杂的化学交联反应，通常称之为固化反应，逐渐由离散的单体形成大分子团结构，同时放出大量热量，固化反应过程引起塑封料的材料特性和力学性能发生巨大变化，如图 2－3 所示。

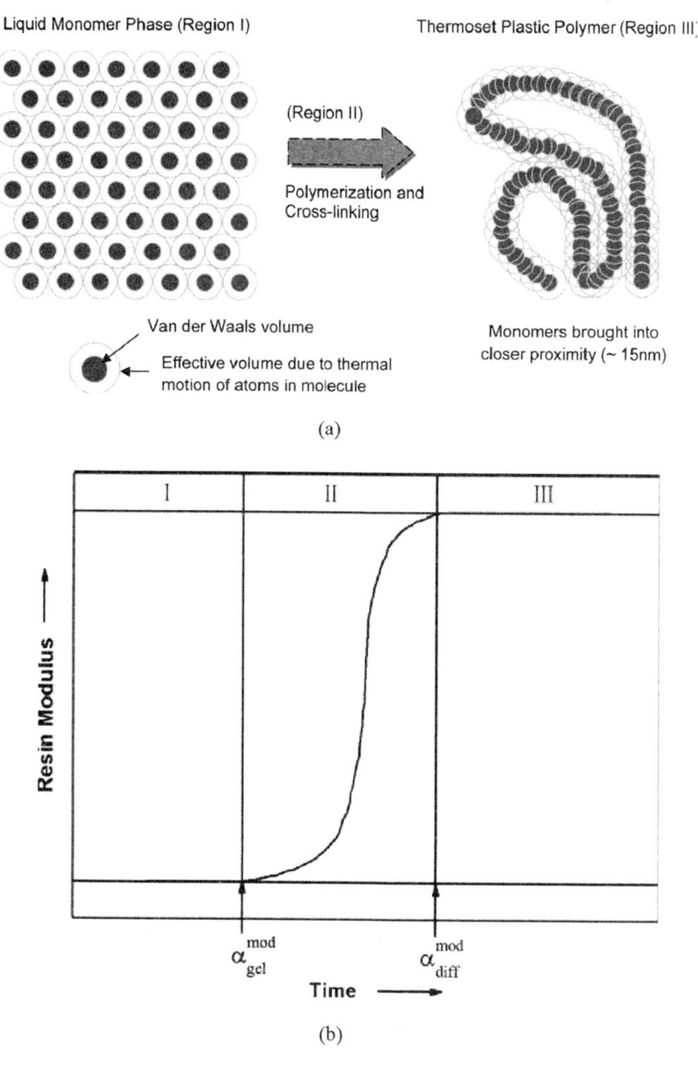

图 2－3　塑封料的固化反应机理与弹性模量的演化[92]

（a）固化反应机理　（b）弹性模量的演化

在凝胶化点之前，塑封料表现为黏性的流体，弹性模量几乎为0，当固化反应达到凝胶化点后，材料的力学行为发生巨大的变化，转变为固体，弹性模量显著增大。随着固化反应过程的进行，热固性聚合物逐渐由黏性液体态（区域Ⅰ）演变为橡胶态（区域Ⅱ），并最终演变为玻璃态（区域Ⅲ）。

由上述可知，塑封料的固化反应对其材料特性和力学性能具有重要影响。塑封料的固化度是表征固化反应程度的重要参数，固化度与温度和时间密切相关。随着固化反应的进行，固化度逐渐增加，当固化反应达到凝胶化点时，塑封料由液态转变为固态而硬化成型。因此，对塑封料的固化反应进行合理的实验研究对于理解固化反应机理，优化封装工艺参数、提升封装可制造性与可靠性具有重要意义。

塑封料等热固性聚合物材料的固化反应实验研究方法有很多，只要是能表征材料在固化反应过程中热、光、电学等性能变化的手段都可以采用，如光谱分析法[93]和差示扫描量热法（Differential Scanning Calorimeter—DSC）[94-96]等。

在电子封装领域中，广泛采用 DSC 方法研究塑封料的固化反应。DSC 方法通过在温度程序的控制下测量样品相对于参照物的热流速度（放热或吸热速度）随温度的变化来研究固化反应过程，获得固化放热量和相对固化反应率等固化反应程度参数。典型的 DSC 差示扫描量热曲线如图 2－4 所示，即为 $\mathrm{d}H/\mathrm{d}t$—t（或 T）曲线。曲线的纵坐标是热量随时间的变化 $\mathrm{d}H/\mathrm{d}t$，曲线的横坐标为时间 t 或温度 T，曲线峰所包围的面积与样品的热焓变化成正比。

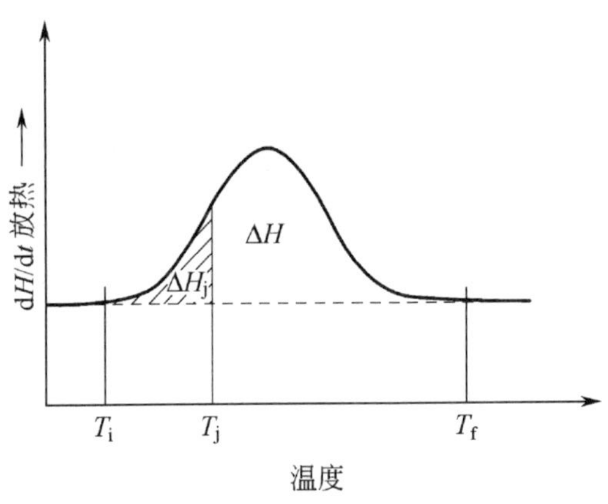

图 2－4　固化反应放热示意图

采用 DSC 方法确定固化反应动力学参数是基于以下两个基本的假设：（1）假设固化反应产生的热量与已反应的反应物的量成正比；（2）假设热流的变化量与反应固化度的变化成正比。上述假设分别如式（2－1）和式（2－2）所示：

$$\alpha = \frac{\Delta H_{\mathrm{j}}}{\Delta H} \tag{2-1}$$

$$\frac{\mathrm{d}\alpha}{\mathrm{d}t} = \frac{1}{\Delta H}\frac{\Delta H_{\mathrm{j}}}{\mathrm{d}t} \tag{2-2}$$

式中：α 为固化度；ΔH_{j} 为固化反应放出的热量；ΔH 为固化反应总热量。其中固化反应总热量 ΔH_{ult} 由式（2－3）组成：

$$\Delta H_{\mathrm{ult}} = \Delta H_{\mathrm{iso}} + \Delta H_{\mathrm{res}} \tag{2-3}$$

式中：ΔH_{iso} 为等温固化放出的热量；ΔH_{res} 为等温固化后动态残余热量。

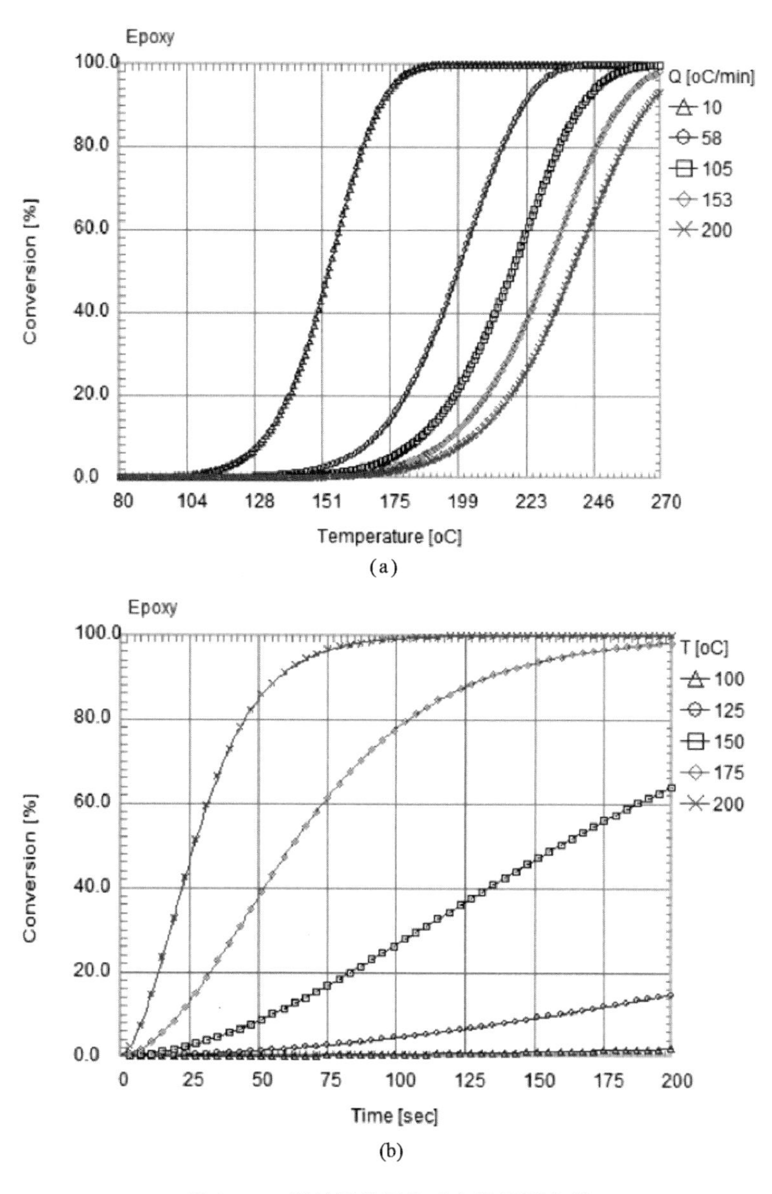

图 2－5　塑封料的固化动力学模型曲线

（a）固化度与温度的关系　（b）固化度与时间的关系

采用 DSC 方法测量热量变化过程以得到固化动力学模型的方式有两种，分别为等温式（isothermal）、非等温式（non-isothermal）或动态式（dynamic）。例如，Tamil 等人[97]分别采用等温式和动态式 DSC 方法对塑封料固化反应进行了实验研究，并得到了两种情况下塑封料的固化动力学模型曲线，如图 2－5 所示。

通常用来描述塑封料等热固性聚合物材料的固化动力学模型主要有以下几种：

（1）n 次级数反应模型（n-th order kinetic model）

$$\frac{\mathrm{d}\alpha}{\mathrm{d}t}=k\left(1-\alpha\right)^{n} \tag{2-4}$$

（2）自催化反应模型（autocatalytic kinetic model）

$$\frac{d\alpha}{dt} = k\alpha^m (1-\alpha)^n \tag{2-5}$$

（3）非自催化（non-autocatalytic）与自催化（autocatalytic）复合反应模型

$$\frac{d\alpha}{dt} = k_1 (1-\alpha)^p + k_2\alpha^m (1-\alpha)^n \tag{2-6}$$

（4）n 次级数与自催化结合复合反应模型（combined kinetic model）

$$\frac{d\alpha}{dt} = (k_1 + k_2\alpha^m)(1-\alpha)^n \tag{2-7}$$

式中：α 为固化度；m，n，p 为反应级数；k，k_1，k_2采用与温度有关的 Arrhenius 关系式，如式（2－8）所示。

$$k_i = A_i \exp\left(-\frac{E_i}{RT}\right) \tag{2-8}$$

式中：A_i为指前因子；E_i为固化反应活化能；i 为下标，值取 1 和 2；R 为玻尔兹曼气体常数；T 为绝对温度。

上述固化动力学模型中最适合用来描述塑封料等热固性聚合物材料固化反应过程的模型为 n 次级数与自催化结合复合反应模型，也称为 Kamal 模型[96－97]。

本章采用差示扫描量热法 DSC 分别研究两款多圈 QFN 封装塑封料在动态温度载荷和等温载荷模式下的固化反应过程，并研究升温速率和等温温度对固化反应特征的影响，采用非线性拟合技术对固化动力学模型参数进行拟合，分别得到动态温度载荷和等温载荷模式下基于 Kamal 模型的固化动力学模型参数。

2.2 实验方法

选取两款用于多圈 QFN 封装的商用塑封料作为 DSC 实验的实验样品，分别命名 MC-A 和 MC-B。由于商业秘密，所采用的两款商用塑封料的填充材料及其比例不便公开。在 DSC 实验中，粉末状的样品受热均匀，实验效果较好，而本实验的塑封料样品呈料饼状，需要预先通过刀具刮取少许实验样品，并碾成粉末，然后采用天平称重后放入铝制坩埚中，待 DSC 实验使用，如图 2－6 所示。所用铝制坩埚的尺寸为 Ø 6 mm × 1.5 mm。塑封料实验样品的重量均为 10 ± 0.5 mg。由于未固化的塑封料的材料属性极其不稳定，即使在常温环境下也会发生化学反应，因此需要将塑封料料饼状样品放置于－5℃温度环境冰柜中冷藏。DSC 实验时，需要提前 24 hrs 将样品从冰柜中取出，进行醒料处理。

DSC 实验仪器为德国 NETZSCH 公司的差示扫描热量仪 DSC 200PC，如图 2－7 所示。DSC 200PC 的实验温度范围为－150～600℃，具有加热和冷却速率快等特点。

图2-6　DSC实验样品准备

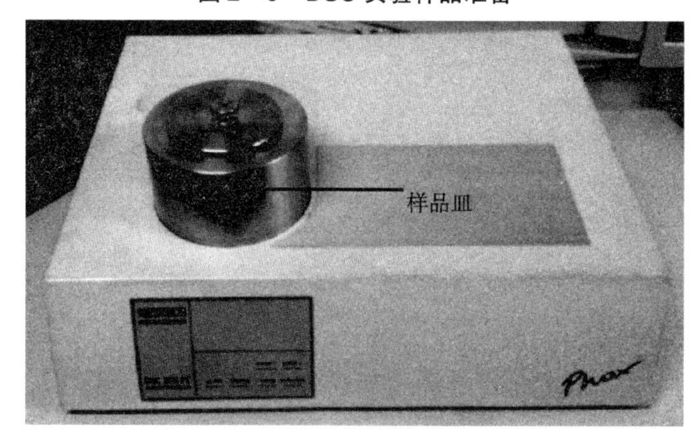

图2-7　NETZSCH公司的DSC 200PC

采用DSC实验分别研究塑封料MC-A和MC-B在动态温度载荷和等温载荷模式下的固化反应过程。实验前，采用光谱纯铟对DSC 200PC进行能量和温度校正。所有DSC实验均在氮气中进行，氮气流量设定为30 mL/min。

在动态温度载荷模式下，分别选择5、10、15℃/min三种升温速率，由室温25℃升至最高温度220℃，然后自然冷却至室温25℃，完成第一次升温与冷却实验。第一次升温与冷却实验完成后，再以相同的升温速率进行第二次测试，第二次实验的目的是为了确保塑封料样品已达到完全固化的状态，无残余热量放出，消除历史效应，如冷却历史、应力历史和形态历史等对DSC曲线的干扰，并有助于不同实验样品间的比较。

自然冷却后，提取不同升温速率下塑封料样品的动态特征温度及固化反应热，如图2-8所示。由于DSC实验测到的放热量曲线并非从0点开始，因此为了方便观察以及数据处理，我们把测量得到的数据点平移至基线上。图2-8中，T_i为固化反应的初始温度，相应于DSC曲线开始偏离起始基线的点对应的温度；T_p为峰值温度，即DSC曲线中最大固化反应速率对应的温度；T_f为固化反应的终点温度，相应于DSC曲线返回后基线的温度。T_{ei}为外推起始温度，相应于DSC曲线低温侧的外推基线与通过DSC曲线起始边拐点切线的交点温度；T_{ef}为外推终止温度，相应于DSC曲线高温侧的外推基线与通过DSC曲线终止边拐点切线的交点温度；T_i和T_p两点的连线为基线。上述图中所述温度为塑封料实验样品的动态特征温度。固化反应热（ΔH）采用积分法计算 DSC 曲线与基线之间的面积求得，单位为 J/g。

在等温载荷模式下，为了避免等温温度选择过高或过低对固化反应及其实验测量的影响，分别选择 130、140、150℃三种等温温度进行 DSC 实验。具体的实验方法是将设备以 10℃/min 预先升温至设定的等温温度，然后将装载有塑封料实验样品的铝制坩埚放入量热计中，等温加热时间为 30 min。

采用非线性拟合技术对固化动力学模型参数进行拟合，得到基于 Kamal 模型的固化动力学模型。

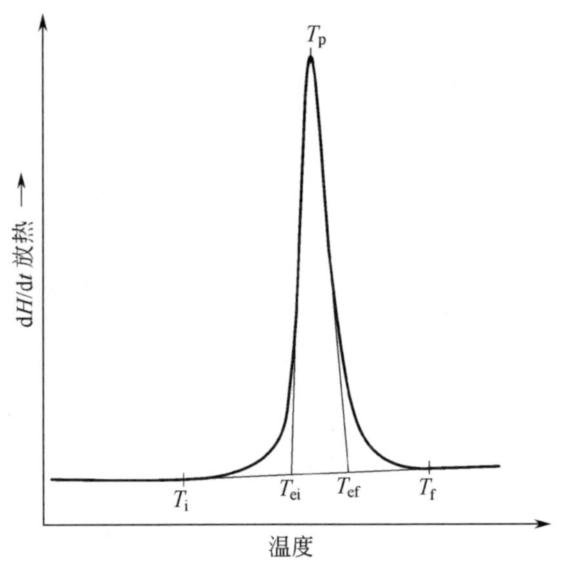

图 2-8　动态温度实验模式的 DSC 曲线

2.3　动态温度载荷模式下的固化动力学模型

在动态温度载荷实验模式下，两种塑封料的 DSC 曲线如图 2-9 所示。可以看出，塑封料 MC-A 和 MC-B 在不同升温速率下均可得到明显的放热峰，具有明显的自催化效应。同时还发现升温速率的大小对 DSC 曲线的形状、动态特征温度和固化反应热具有重要影响。随着升温速率的提高，塑封料样品的固化起始温度 T_i、峰值温度 T_p 和结束温度 T_f 均增加，峰形变得尖锐。这是因为随着升温速率增加，dH/dt 越大，即单位时间产生的热效应增大，热惯性也越大，产生的温度差就越大，固化反应放热峰相应的向高温区域移动。对比塑封料 MC-A 和 MC-B 的 DSC 曲线可以发现，在相同升温速率下，MC-B 的放热速率比 MC-A 的略大，说明 MC-B 反应得更快。

根据图 2-9，计算得到不同升温速率下两款塑封料的动态特征温度和固化反应热参数，如表 2-1 所示，其中 β 为升温速率，t 是固化反应所用的时间，即 DSC 曲线的峰值温度 T_p 到终点温度 T_f 所用的时间。可以看出，随着升温速率的增大，动态特征温度逐渐升高，固化反应时间 t 明显缩短，固化反应热呈小幅减小。这是因为随着升温速率的增大，塑封料样品除了需要更高的热流量来完成固化反应，还需要更长的时间来完成固化。

从表 2-1 还可以看出，不同升温速率下的反应热 ΔH 差别较小，因此在进行固化度的积分处理时假设反应热 ΔH 为常数，为三种升温速率情况下反应热 ΔH 的平均值。通过平均得到塑封料 MC-A 和 MC-B 的固化反应热 ΔH 分别为 14.6 J/g 和 17.9 J/g。塑封料 MC-B 比 MC-A 的固化反应热高。

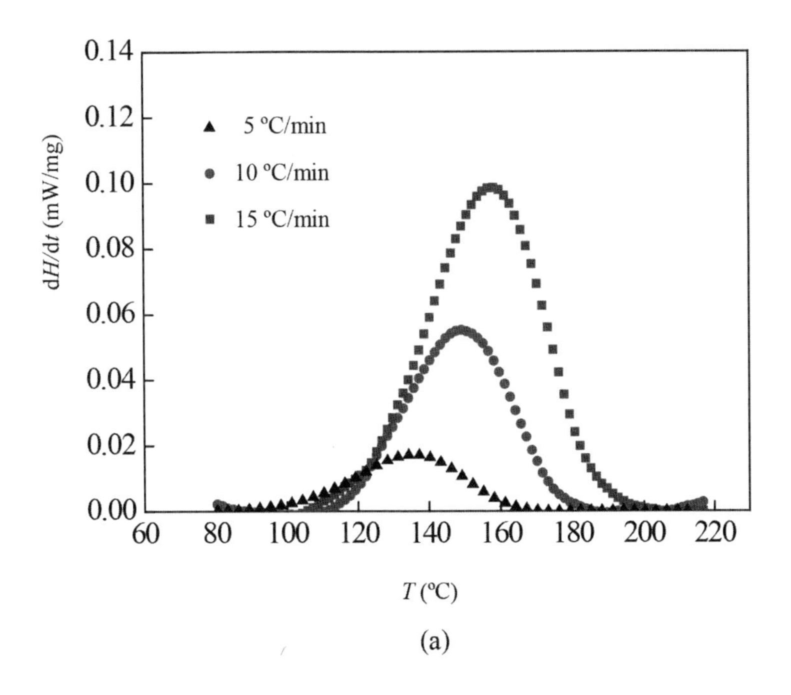

(a)

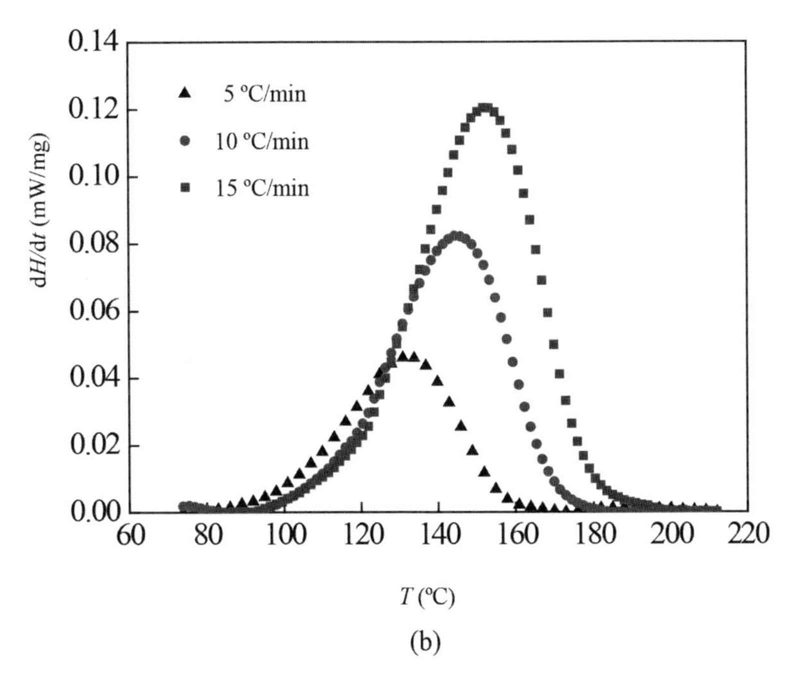

(b)

图 2－9　不同升温速率下塑封料 MC-A 和 MC-B 的 DSC 曲线

（a）塑封料 MC-A　（b）塑封料 MC-B

表2－1　动态特征温度及固化反应热

EMC type	β (℃/min)	T_i (℃)	T_p (℃)	T_f (℃)	t (min)	ΔH (J/g)
MC-A	5	110.85	132.15	177.25	8.20	15.38
	10	118.65	144.35	175.25	4.30	14.53
	15	125.85	151.85	183.75	2.90	13.88
MC-B	5	103.95	135.15	155.75	7.90	18.02
	10	115.25	148.35	168.05	4.20	17.99
	15	120.45	156.25	175.75	3.00	17.66

根据如式（2－1）所示的固化度表达式，通过 DSC 实验仪器自带的分析软件对图 2－9 所示的 DSC 曲线进行时间积分处理，得到塑封料 MC-A 和 MC-B 的固化度与温度的关系曲线，如图 2－10 所示。

从图 2－10 可以看出，在固化反应初期，固化度随着温度的升高而缓慢增加；在固化反应中期，随着温度进一步升高，固化度迅速增大；在固化反应后期，固化反应速率逐渐降低，固化度逐渐接近 1，即逐渐达到完全固化状态。整个固化过程固化度随温度呈现“S”形变化，表现出明显的自催化效应。同时还可以看出，在升温至相同温度时，升温速率越低，固化度越大。这是由于采用不同升温速率达到相同温度所需的时间不同，升温速率越低，需要的时间越长，从而固化反应更加充分。

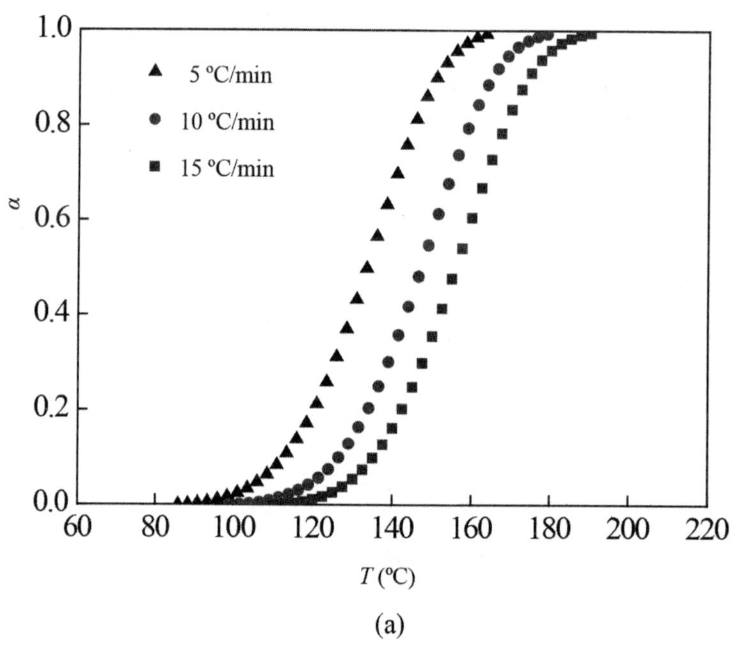

(a)

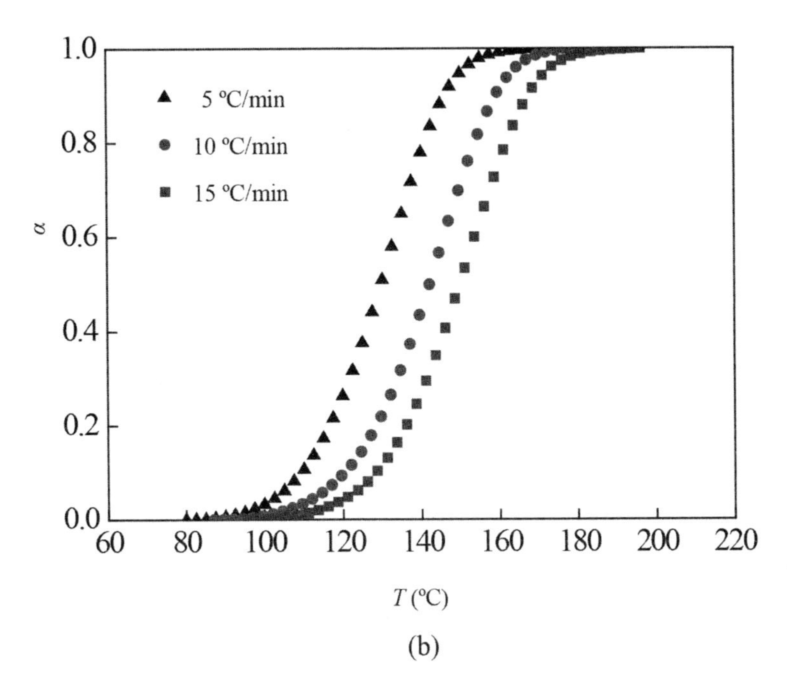

图 2－10　动态温度载荷模式下塑封料 MC-A 和 MC-B 的固化度

（a）塑封料 MC-A 的固化度　（b）塑封料 MC-B 的固化度

塑封料 MC-A 和 MC-B 固化反应采用 Kamal 模型进行描述，如式（2－7）所示。采用 Origin 软件进行非线性拟合，以温度 T 和 t 为自变量，固化速率 $d\alpha/dt$ 为因变量进行非线性拟合，分别得到固化速率 $d\alpha/dt$ 和温度 T，固化速率 $d\alpha/dt$ 和固化度 α 的拟合结果，分别如图 2－11 和图 2－12 所示。

从图 2－10 和图 2－11 可以看出，实验结果与非线性拟合结果重叠，拟合效果良好。同时还可以看出，塑封料 MC-A 和 MC-B 具有明显的自催化效应，在不同升温速率下均可得到明显的最高固化速率 $d\alpha/dt$。升温速率越高，固化速率 $d\alpha/dt$ 的最大值明显增大。

将图 2－11 和图 2－12 中固化速率 $d\alpha/dt$ 的拟合数据进行时间积分处理，得到塑封料 MC-A 和 MC-B 的固化度随温度变化的拟合曲线，如图 2－13 所示。

可以看出，固化度明显具有 3 个特征区域：在升温加载的初始阶段，塑封料的固化度呈缓慢增大；当温度载荷达到一定水平时，固化度随着温度载荷显著增大；随着温度载荷的进一步升高，固化度增速减小，固化度值逐渐接近 1，即逐渐达到完全固化状态。

对比不同升温速率情况下塑封料的固化度可以看出，不同升温速率情况下的固化度曲线形状基本相同。同时还可以发现，在达到相同温度的情况下，升温速率越小，固化度越大。这是由于在较低升温速率情况下达到相同温度需要更长的时间，从而使得固化反应更加明显，固化度越高。

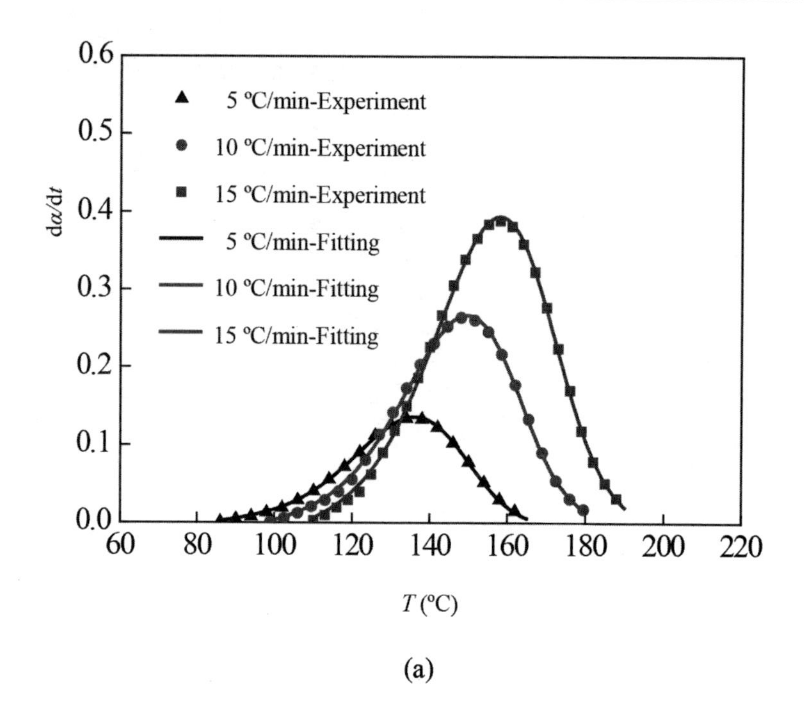

(a)

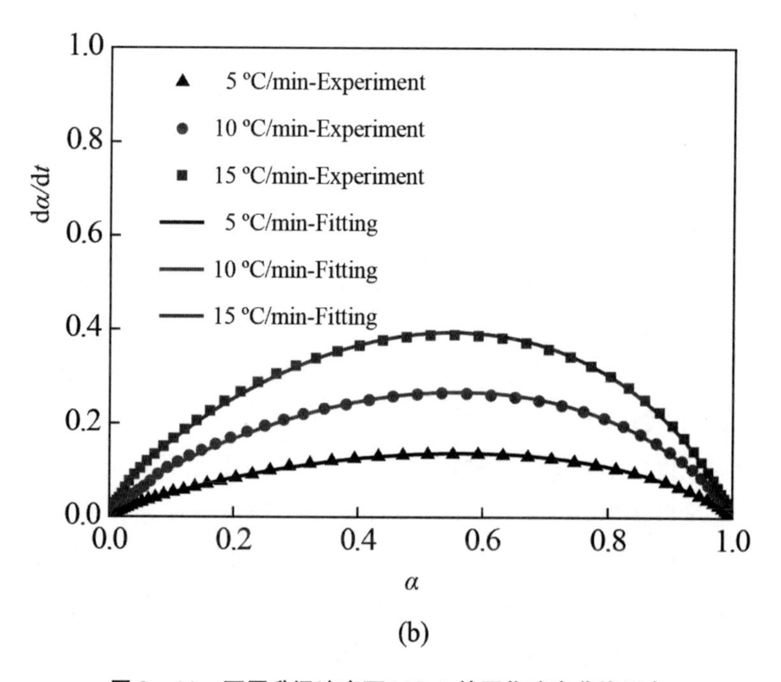

(b)

图 2－11　不同升温速率下 MC-A 的固化速率曲线拟合

（a）固化速率与温度的关系　（b）固化速率与固化度的关系

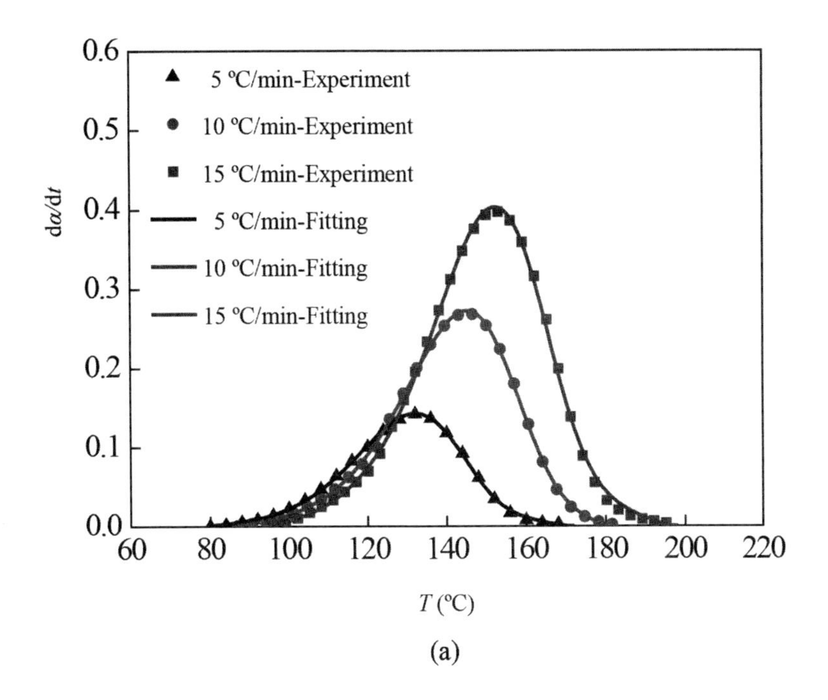

(a)

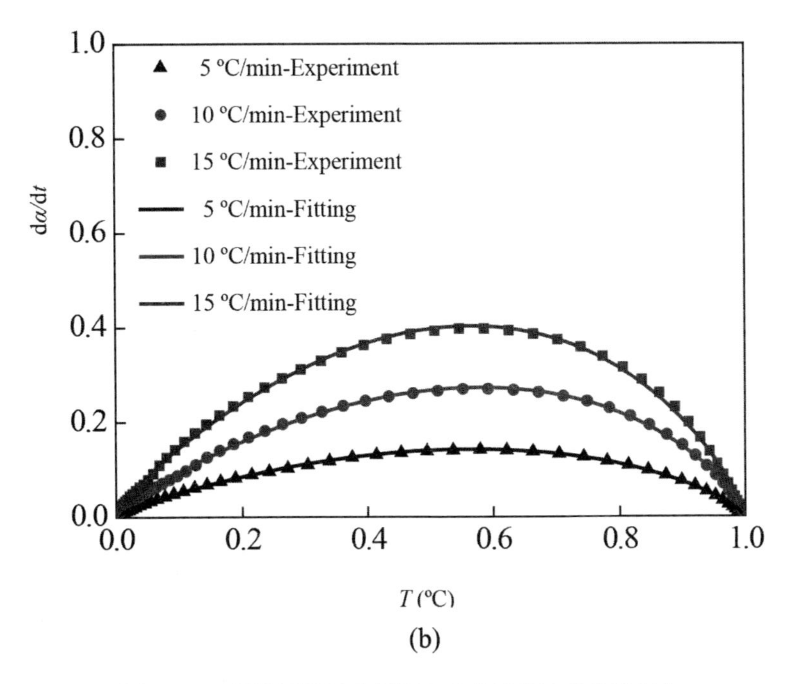

(b)

图 2－12　不同升温速率下 MC-B 的固化速率曲线拟合

（a）固化速率与温度的关系　（b）固化速率与固化度的关系

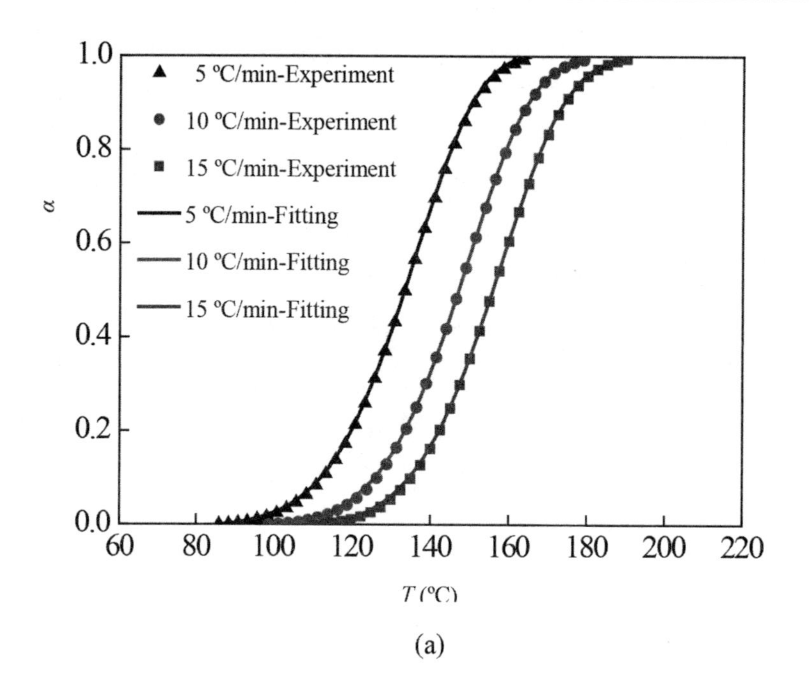

(a)

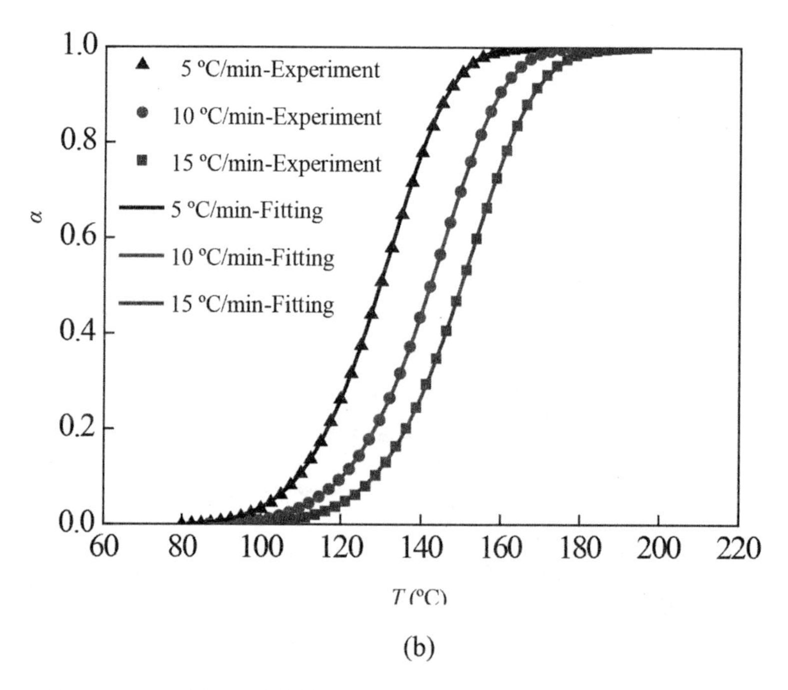

(b)

图 2 – 13　动态温度载荷模式下塑封料 MC-A 和 MC-B 的固化度拟合

（a）塑封料 MC-A 的固化度　（b）塑封料 MC-B 的固化度

采用非线性拟合技术得到不同升温速率下，基于 Kamal 模型的固化动力学模型参数，如表 2 – 2 所示。可以看出，在不同升温速率下，表征拟合效果的相关性参数 R^2 值达到 0.99 以上，说明固化动力学模型参数的拟合效果良好。

表2-2　不同升温速率下的固化动力学模型参数

EMC Type	β(℃/min)	A_1 (min^{-1})	A_2 (min^{-1})	m	n	E_1/R (℃$^{-1}$)	E_2/R (℃$^{-1}$)
MC-A	5	8.2524×10^9	2.2025×10^8	0.2900	1.0151	12806.8097	8259.5933
	10	8.3138×10^9	2.1563×10^8	0.3188	1.0200	13369.2070	8235.2325
	15	8.1098×10^9	2.2777×10^8	0.3212	1.0335	11453.8198	8268.1034
MC-B	5	1.7067×10^{10}	3.0972×10^8	0.3296	1.0286	11043.1434	8318.4506
	10	1.6302×10^{10}	5.5608×10^8	0.3740	1.0801	11006.9779	8520.0153
	15	1.6289×10^{10}	6.2570×10^8	0.4112	1.0480	10676.7874	8623.2187

将表2-2中不同升温速率下的参数进行平均，最终得到动态温度载荷模式下塑封料的固化动力学模型参数。塑封料MC-A和MC-B的固化动力学模型分别如式（2-9）和式（2-10）所示。

塑封料MC-A：

$$\frac{d\alpha}{dt}=[8.2253\times10^9\exp(-\frac{12543.2800}{T}) + 2.2189\times10^8\exp(-\frac{8281.7879}{T})\alpha^{0.3188}](1-\alpha)^{1.0313} \quad (2-9)$$

塑封料MC-B：

$$\frac{d\alpha}{dt}=[1.6553\times10^{10}\exp(-\frac{10676.7874}{T}) + 4.9717\times10^8\exp(-\frac{8487.2282}{T})\alpha^{0.3716}](1-\alpha)^{1.0522} \quad (2-10)$$

2.4　等温载荷模式下的固化动力学模型

在等温载荷模式下，两款塑封料的DSC曲线如图2-13所示。可以看出，塑封料MC-A和MC-B在不同等温温度下均可得到明显的放热峰，表现出明显的自催化效应。等温温度对DSC曲线的形状和放热峰的大小具有重要影响，等温温度越高，放热峰越高，释放的热流量越大，而反应所需的时间越短。这是因为在较高的温度条件下，固化反应速率越快，瞬间放出的热量更多，并且用较少的时间完成固化反应。

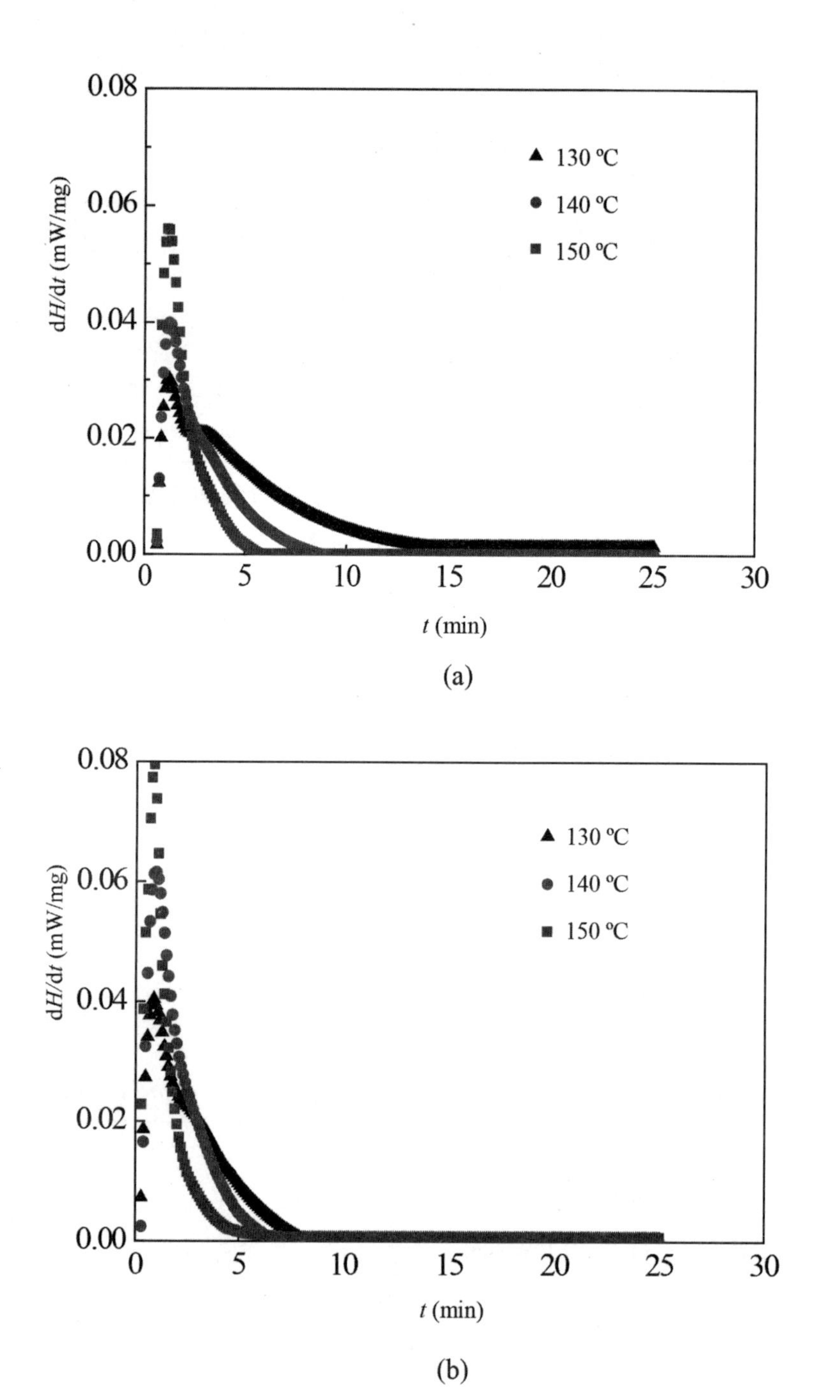

图 2－13　不同等温温度下塑封料 MC-A 和 MC-B 的 DSC 曲线

（a）塑封料 MC-A　（b）塑封料 MC-B

从图 2－14 还可以看出，在较低等温温度下，出现了两个固化反应放热峰，第二个放热峰明显低于的第一个放热峰，这种现象在 130℃等温温度尤为明显，而在较高等温温度下，只有一个明显的放热峰。这说明在较低等温温度下，固化反应存在两种不同机理，即在固化反应初期，固化反应机理以化学反应为主，在固化反应后期，固化反应机理以扩散反应为主。在较高等温温度下，固化反应机理以化学反应为主。对比塑封料 MC-A 和 MC-B 的 DSC 曲线可以发现，在相同等温温度下，MC-B 的放热速率比 MC-A 的大，说明 MC-B 反应得更快。

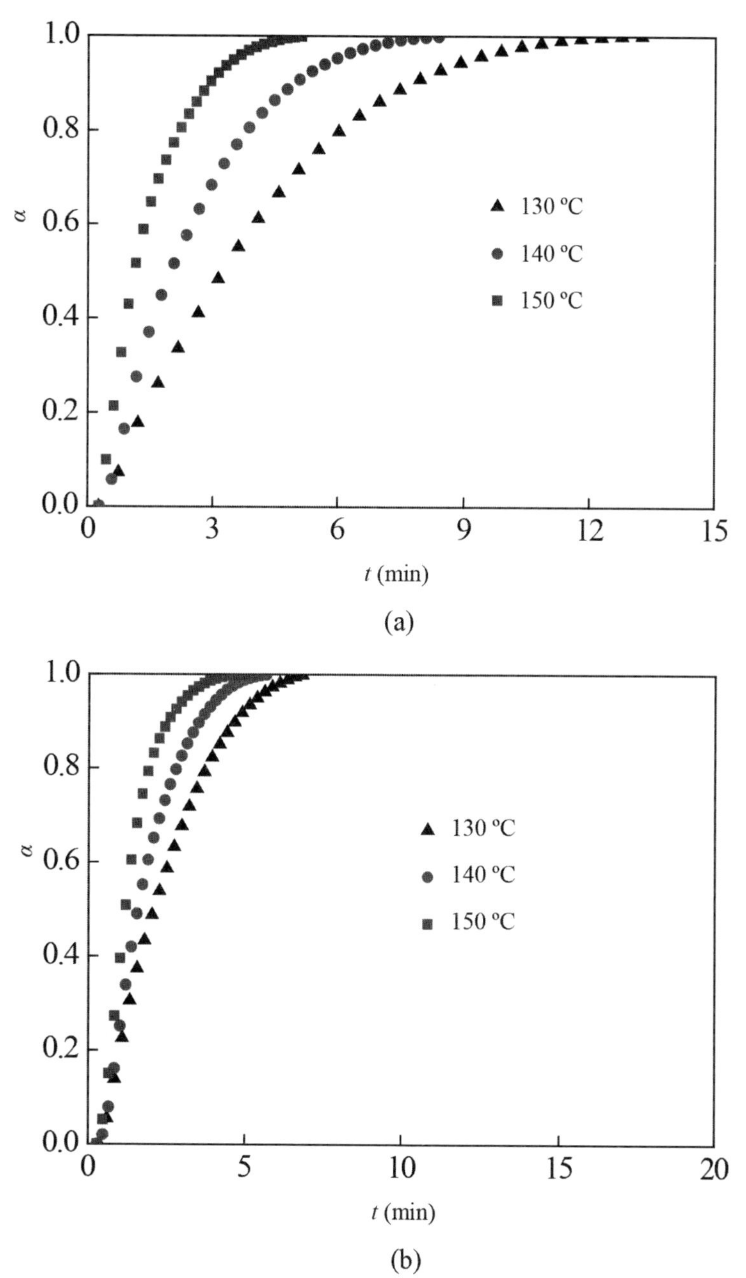

图 2－14　不同等温温度下塑封料 MC-A 和 MC-B 的固化度随时间的变化曲线

与动态温度载荷模式 DSC 实验的数据处理方式相似，通过 DSC 实验仪器自带的分析软件对图 2－13 所示的 DSC 曲线进行时间积分处理，得到固化度与时间的关系曲线如图 2

-14 所示。不同等温温度下的固化度随时间的变化速率不同：等温温度越高，起始固化反应速率越快，达到相同固化度的时间越短，在较短的时间内即可达到很高的固化度。在相同的反应时间内，EMC 的固化度随等温温度的升高而逐渐升高。与 MC-A 相比，MC-B 具有更高的固化速率，相同的时间内固化度更高。

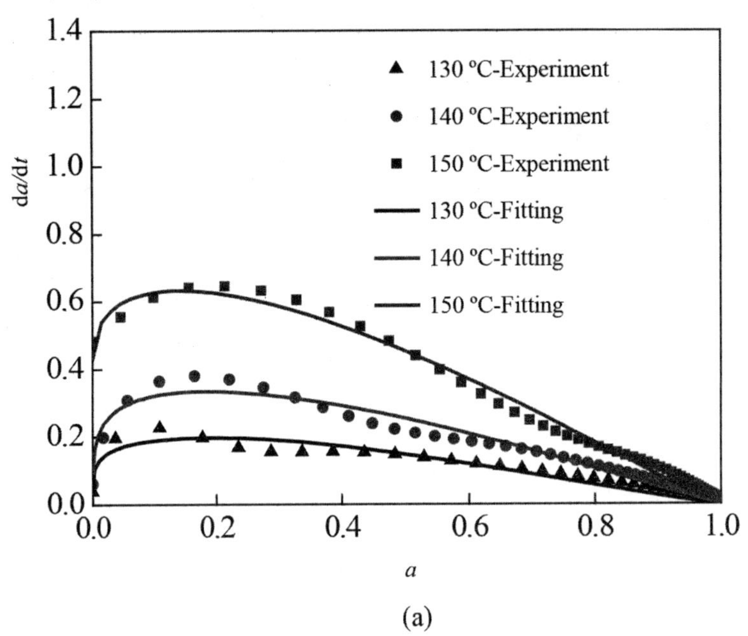

(a)

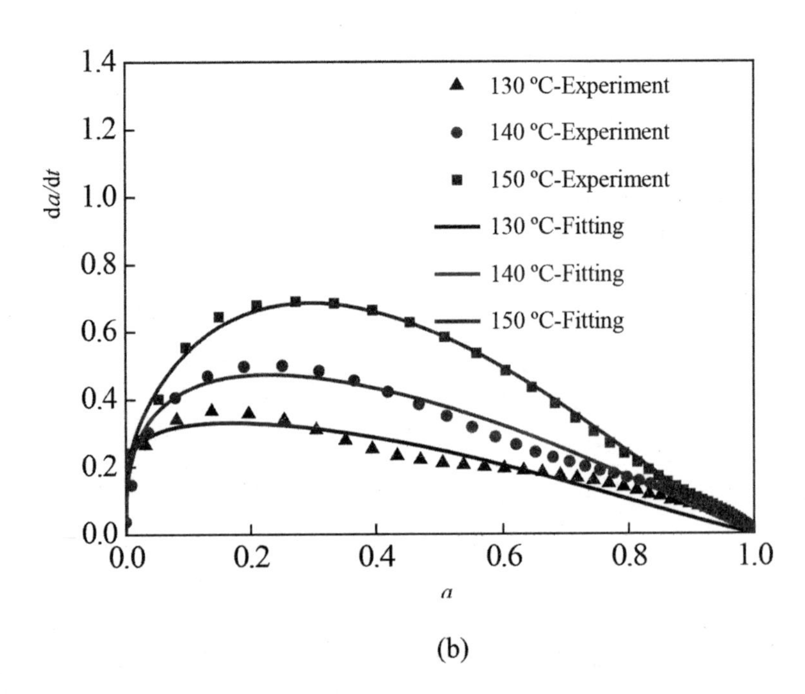

(b)

图 2-15 不同等温温度下塑封料 MC-A 和 MC-B 的固化速率曲线拟合

(a) 塑封料 MC-A (b) 塑封料 MC-B

在等温载荷模式下，塑封料 MC-A 和 MC-B 的固化反应同样采用 Kamal 模型进行描述。通过非线性拟合得到塑封料 MC-A 和 MC-B 的固化速率 $d\alpha/dt$ 与固化度 α 的关系，如图 2－15 所示。

从图 2－15 可以看出，实验结果与非线性拟合结果存在偏差，而且这种偏差在较低等温温度情况下尤为明显。造成该偏差的主要原因为塑封料在较低等温温度同时存在化学反应和扩散反应两种固化反应机理。同时还可以看出，塑封料 MC-A 和 MC-B 具有明显的自催化效应，在不同等温温度下均可得到明显的最高固化速率 $d\alpha/dt$。等温温度越高，固化速率 $d\alpha/dt$ 的最大值明显增大。需要特别说明的是，在等温固化的初始阶段，由于塑封料在高温下会发生快速、剧烈的固化反应，在 DSC 仪器达到热平衡、开始记录前，固化反应其实已经发生了一段时间，大量热量已经释放，由于 DSC 仪器无法记录该热量，严重影响实验测量结果，而且对具有明显自催化效应的 EMC 的影响尤为严重。

将图 2－15 中塑封料的固化速率 $d\alpha/dt$ 的拟合数据进行积分处理，得到等温载荷模式下塑封料 MC-A 和 MC-B 的固化度，如图 2－16 所示。随着等温时间的增加，固化度显著增大，当等温时间达到一定程度后，固化度增大的速率明显减小，固化度值接近 1，即逐渐达到完全固化状态。对比不同等温温度情况下的固化度可以看出，等温温度越高，在相同等温时间内固化度越大。

从表 2－15 还可以发现，在固化反应后期，即固化度接近 1 时，拟合结果和实验结果出现偏差，并且偏差逐渐增大，而且这种偏差在较低等温温度情况下尤为明显。这是由于在固化反应后期，固化反应机理由化学反应控制为主转变为扩散反应控制为主。

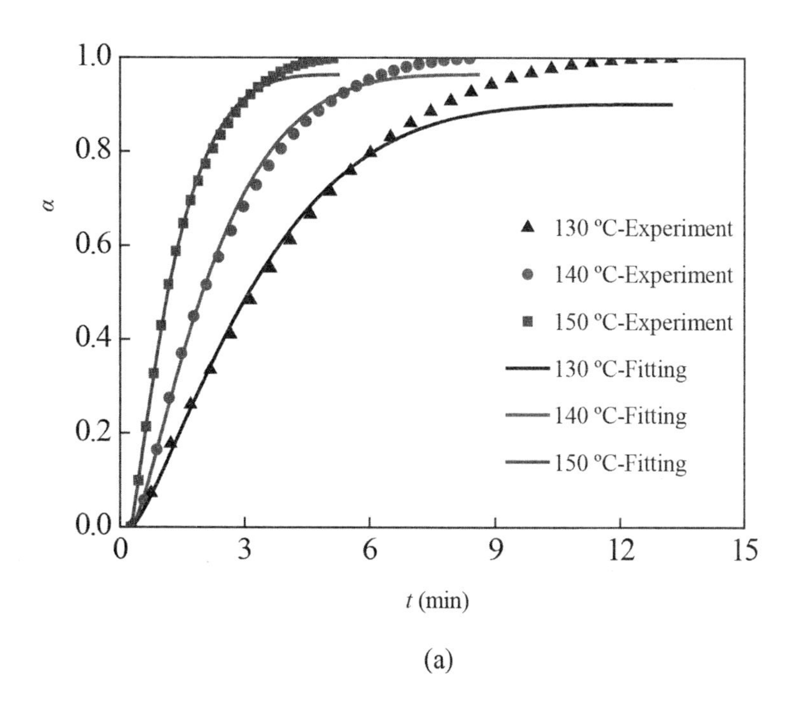

(a)

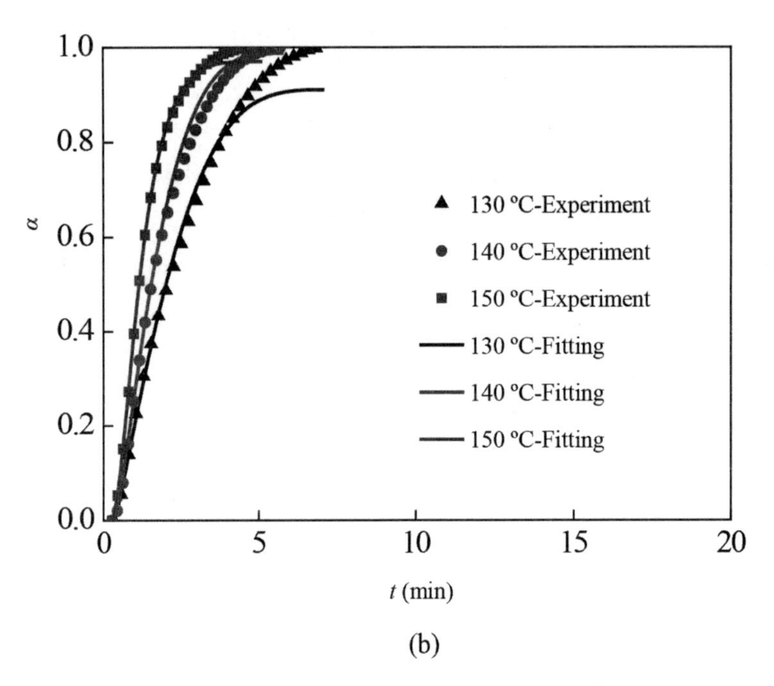

(b)

图 2－16 等温载荷模式下塑封料 MC-A 和 MC-B 的固化度拟合

（a）塑封料 MC-A （b）塑封料 MC-B

通过非线性拟合得到不同等温温度下，基于 Kamal 模型的固化动力学模型参数，如表 2－3 所示。可以看出，不同等温温度下，表征拟合效果的相关性参数 R^2 值达到 0.91 以上，说明固化动力学模型参数的拟合效果能够满足要求。

表 2－3 不同等温温度下的固化动力学模型参数

EMC Type	T (℃)	A_1 (min^{-1})	A_2 (min^{-1})	m	n	E_1/R (℃$^{-1}$)	E_2/R (℃$^{-1}$)
MC-A	130	3.1815×10^9	2.4748×10^8	0.3031	1.1896	10030.1470	8205.8098
	140	2.2453×10^9	3.5184×10^8	0.2328	1.1001	11851.0762	7939.6697
	150	2.2854×10^9	1.7598×10^8	0.4004	1.1095	9448.6797	8115.1898
MC-B	130	4.2767×10^{10}	3.9863×10^8	0.3336	1.1302	10628.8225	8248.9692
	140	4.8518×10^{10}	4.4260×10^8	0.3913	1.1441	11375.0246	8190.2174
	150	4.5222×10^{10}	4.8094×10^8	0.6374	1.2817	10989.1991	8142.3313

将表 2－3 中不同等温温度下的参数平均，最终得到等温载荷模式下各塑封料的固化动力学模型参数。等温载荷模式下，塑封料 MC-A 和 MC-B 的固化动力学模型分别如式（2－11）和式（2－12）所示。

塑封料 MC-A：

$$\frac{d\alpha}{dt} = [2.5707 \times 10^{9}\exp(-\frac{10940.6116}{T}) + 2.5843 \times 10^{8}\exp(-\frac{8027.7400}{T})\alpha^{0.2680}](1-\alpha)^{1.1449} \tag{2-11}$$

塑封料 MC-B：

$$\frac{d\alpha}{dt} = [4.5502 \times 10^{10}\exp(-\frac{10981.4862}{T}) + 4.4072 \times 10^{8}\exp(-\frac{8170.6420}{T})\alpha^{0.3310}](1-\alpha)^{1.1397} \tag{2-12}$$

2.5　本章小结

本章采用 DSC 实验研究了多圈 QFN 封装塑封料在动态温度和等温载荷模式下的固化动力学行为，发现固化反应具有明显的自催化效应，分析了不同升温速率和等温温度对固化反应特征的影响，并采用 Kamal 模型对 DSC 实验结果进行非线性拟合，得到了固化反应动力学模型参数。

当升温至相同温度时，升温速率越低，固化度越大。升温速率对固化反应热无明显影响，塑封料 MC-A 和 MC-B 的固化反应热分别为 14.6 J/g 和 17.9 J/g。

等温温度高低对固化反应机理具有重要影响。较低等温温度时，固化反应初期以化学反应为主，固化反应后期以扩散反应为主；较高等温温度时，固化反应机理以化学反应为主。

动态温度载荷模式下的拟合结果良好。由于固化反应机理的影响，等温载荷模式下的拟合结果存在偏差，等温温度越低，偏差越大。

通过本章建立的塑封料固化动力学模型，为后续多圈 QFN 封装工艺过程数值模拟与工艺参数优化提供了理论依据。

第3章　塑封料动态力学性能实验研究与粘弹性本构模型

3.1　引　言

在电子封装材料中，塑封料属于典型的粘弹性材料，其力学性能不仅与时间有关，而且与温度有关。同时，由第2章研究发现，塑封料在固化反应过程中由离散的单体形成大分子团结构，其固化度与工艺参数，如时间、温度密切相关。而塑封料的固化度对其力学性能也具有重要影响。因此，在封装工艺数值模拟中，选择合理的塑封料本构模型对于正确预测和提升封装的可制造性与可靠性至关重要。Kim 等人[27]研究发现相比线弹性本构模型，粘弹性本构模型可更好的预测封装的翘曲。文献［28－29］研究同样发现采用粘弹性本构模型的有限元结果与实验测量结果更加吻合。Cho 和 Jeon[16]研究了塑封料在不同固化度下的弹性模量对 TSOP 封装翘曲的影响，其中塑封料采用线弹性本构模型，发现不同固化度下的有限元结果差异明显。Chiu 等人[32－33]研究了塑封料/金属双层板和 CSP 封装在塑封后固化工艺过程的翘曲，其中塑封料采用考虑了固化收缩的固化相关粘弹性本构模型，研究发现有限元结果与实验测量结果十分吻合。上述研究说明在数值模拟中，建立准确描述塑封料力学性能的本构模型对于正确预测和提升封装的可制造性与可靠性至关重要。

本章采用 DMA 实验方法研究多圈 QFN 封装塑封料的动态力学性能，重点研究塑封料的固化无关粘弹性力学性能，以及粘弹性力学性能随固化反应过程的演化。对于固化无关塑封料的力学性能研究，首先制作完全固化的塑封料实验样品，采用拉伸模式 DMA 实验研究其固化无关粘弹性力学性能。对于塑封料力学性能随固化反应过程演化的研究，采用基于连续分析方式的压缩模式 DMA 实验，研究粉末样品在温度载荷作用下的固化相关粘弹性力学性能。DMA 实验测定塑封料的玻璃转化温度以及储能模量、损耗模量和损耗正切等粘弹性参数，并根据时间－温度叠加原理，得到采用广义麦克斯韦方程形式的储能模量主曲线和基于 WLF 方程的时间－温度转化因子。通过非线性拟合得到有限元仿真所需的松弛时间和松弛系数等参数。

3.2　塑封料的粘弹性本构模型

对于塑封料等粘弹性材料，其材料的力学性能同时具有弹性固体和粘性流体的性质，粘弹性本构模型为：

$$\sigma_i(t) = \int_{-\infty}^{t} C_{ij}(t-\xi,T)\cdot\left(\frac{d\varepsilon_j(\xi)}{d\xi} - \frac{d\varepsilon_j^*(\xi)}{d\xi}\right)d\xi \quad ; \quad (i,j=1,\cdots,6) \tag{3-1}$$

式中：C_{ij}为松弛模量；ξ 为载荷施加时间；T 为温度；ε_j^* 为初始应变，包括温度和固化引起的应变。对于各向同性材料，松弛模量 C_{ij}由两个相互独立的材料参数组成，即剪切松弛模量 $G(t,T)$ 和体积松弛模量 $K(t,T)$，如式所示：

$$C_{ij}(t,T) = K(t,T)V_{ij} + G(t,T)D_{ij} \tag{3-2}$$

式中：V_{ij}和 D_{ij}分别为体积矩阵常量和偏量矩阵常量。可见，对粘弹性本构模型的研究，其实就是研究本构模型中的剪切松弛模量 $G(t,T)$ 和体积松弛模量 $K(t,T)$。

塑封料的粘弹性响应根据时间－温度叠加原理进行描述，即温度（时间）对松弛模量的响应可以通过时间（温度）等效得到，如图 3－1 和式（3－3）所示，其中松弛模量可以为剪切松弛模量或者体积松弛模量。

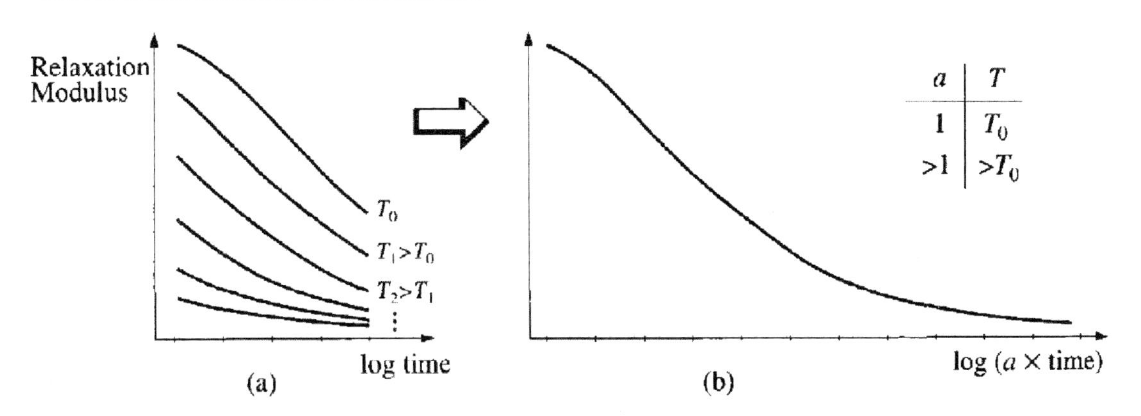

图 3－1　时间－温度叠加原理

$$E(T_0,t) = E(T_1,t/a_T) \tag{3-3}$$

式中：T_0和 T_1为温度；t 为时间；a_T为时间－温度转换因子。时间－温度转换因子 a_T直接通过纯粹的数值方法从实验结果中获取，主要的描述方法有 WLF 方程[98]、Arrhenius 方程[99]和 Vogel 方程[100]。

WLF 方程：

$$\log a_T = \frac{-C_1(T-T_{ref})}{C_2+T-T_{ref}} \tag{3-4}$$

式中：T_{ref}为参考温度；C_1和 C_2为常数。

Arrhenius 方程：

$$\log a_{\mathrm{T}} = \frac{-\Delta E}{2.30R}\left(\frac{1}{T} - \frac{1}{T_{\mathrm{ref}}}\right) \tag{3-5}$$

式中：ΔE 为激活能；R 为波尔兹曼气体常数。

Vogel 方程：

$$\log a_{\mathrm{T}} = \log\frac{\tau_n(T)}{\tau_n(T_{\mathrm{ref}})} = \frac{C}{T - T_{\infty}} - \frac{C}{T_{\mathrm{ref}} - T_{\infty}} \tag{3-6}$$

式中：τ_n 为松弛时间；C 为常数；T_{∞} 为温度常数。

剪切松弛模量和体积松弛模量可由 Prony 级数形式的广义麦克斯韦方程表示：

$$G(t,T) = G_{\mathrm{e}} + \sum_{n=1}^{N} G_n \exp\left(-\frac{t}{\tau_n}\right) \tag{3-7}$$

$$K(t,T) = K_{\mathrm{e}} + \sum_{n=1}^{N} K_n \exp\left(-\frac{t}{\tau_n}\right) \tag{3-8}$$

式中：G_{e}和 K_{e}分别为平衡剪切松弛模量和平衡体积松弛模量；G_n和 K_n分别为第 n 个麦克斯韦单元的剪切模量和体积模量；τ_n 为松弛时间；N 为麦克斯韦单元个数。

上述描述针对完全固化的塑封料，即塑封料的粘弹性力学性能与固化反应无关。然而，在塑封工艺和塑封后固化工艺中，塑封料发生固化反应，材料的粘弹性力学性能与固化度密切相关，即固化反应会影响材料的粘弹性力学行为，如图 3－2 所示。

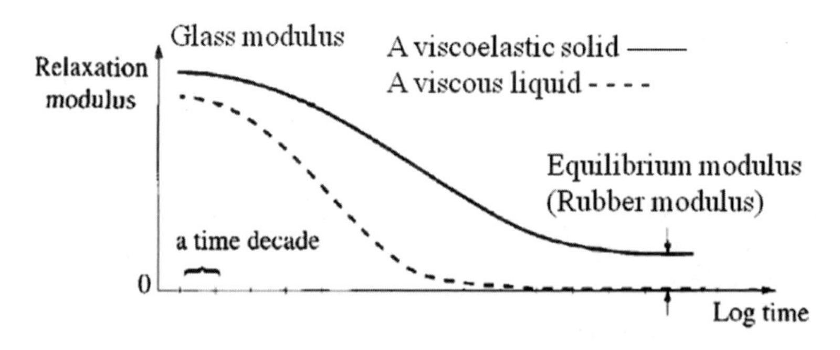

图 3－2　松弛模量随固化反应的演化

随着固化度的增加，材料由黏性液体逐渐转变为粘弹性固体，松弛模量发生明显改变。主要存在以下三个方面的改变：（1）玻璃态模量的增加；（2）松弛时间的延长；（3）平衡松弛模量，即橡胶态模量的增加。固化相关的粘弹性本构模型如式（3－9）所示：

$$\sigma_i(t) = \int_{-\infty}^{t} C_{ij}(\alpha, t-\xi, T)\cdot\left(\frac{\mathrm{d}\varepsilon_j(\xi)}{\mathrm{d}\xi} - \frac{\mathrm{d}\varepsilon_j^{*}(\xi)}{\mathrm{d}\xi}\right)\mathrm{d}\xi \quad ; \qquad (i,j = 1,\cdots,6) \tag{3-9}$$

式中：α 为固化度。固化相关的剪切松弛模量和体积松弛模量分别表示为：

$$G(\alpha,t,T) = G_{\mathrm{e}}(\alpha) + \sum_{n=1}^{N} G_n(\alpha,t)\exp\left(-\frac{t}{\tau_n(\alpha,t)}\right) \tag{3-10}$$

$$K(\alpha,t,T) = K_e(\alpha) + \sum_{n=1}^{N} K_n(\alpha,t)\exp(-\frac{t}{\tau_n(\alpha,t)}) \tag{3-11}$$

式中：$G_e(\alpha)$ 和 $K_e(\alpha)$ 分别为平衡剪切模量和平衡体积模量。Adolf 等人[102-103]在研究热固性聚合物材料的固化相关力学行为时发现，平衡剪切模量是固化度的函数，当固化反应达到凝胶化点时平衡剪切模量由零逐渐增大，建立了 Adolf 模型，如式（3-12）所示。

$$G_e(\alpha) = G_e^{\infty}\left[\frac{\alpha^2-\alpha_{gel}^2}{1-\alpha_{gel}^2}\right]^{8/3} \tag{3-12}$$

式中：G_e^{∞} 为完全固化时的平衡剪切模量；α_{gel} 为凝胶化点时的固化度。对于平衡体积模量，Yang 等人[104]采用类似 Adolf 模型的方法建立了与固化度的关系，如式（3-13）所示。

$$K_e(\alpha) = K_l + (K_e^{\infty} - K_l)\left[\frac{\alpha^2-\alpha_{gel}^2}{1-\alpha_{gel}^2}\right]^{8/3} \tag{3-13}$$

式中：K_e^{∞} 为完全固化时的平衡体积模量；K_l 为液体状态时的体积模量。

固化相关的松弛时间 $\tau_n(\alpha,T)$ 可表示下式：

$$\tau_n(\alpha,T) = \tau_n^{ref}\cdot a_T\cdot a_{\alpha} \tag{3-14}$$

式中：τ_n^{ref} 为在参考温度和固化度下的松弛时间；a_T 为时间－温度转换因子；a_{α} 为时间－固化度转换因子。时间－固化度转换因子 a_{α} 可采用如 Arrhenius 方程（3-5）和 Vogel 方程（3-6）形式。Adolf 等人[105]较早采用时间－固化度叠加原理研究热固性聚合物材料的固化相关的力学行为，后来其他学者的研究工作主要是在 Adolf 等人的工作基础上展开的。Simon 等人[106]通过考虑时间－温度转移因子 a_T 中 T_g 温度与固化度的关系，将 Arrhenius 方程（3-5）和 Vogel 方程（3-6）进行了修正。

文献［107-108］略去材料的粘弹性特性，认为弹性模量仅与固化度有关，常见模型如式（3-15）所示。

$$E_m = (1-\alpha_{mod})E_m^0 + \alpha_{mod}E_m^{\infty} + \gamma\alpha_{mod}(1-\alpha_{mod})(E_m^{\infty}-E_m^0) \tag{3-15}$$

式中：$\alpha_{mod} = \frac{\alpha-\alpha_{gel}^{mod}}{\alpha_{diff}^{mod}-\alpha_{gel}^{mod}}$；$-1<\gamma<1$；$\alpha_{gel}^{mod}$ 为凝胶化点时的固化度；α_{diff}^{mod} 为完全固化时的固化度；E_m^0 为未固化时的弹性模量；E_m^{∞} 为完全固化时的弹性模量；γ 为描述应力松弛效应和固化硬化效应的竞争机理的系数。

3.3 实验方法

塑封料的粘弹性材料特性的实验研究方法主要有三种，分别为应力松弛实验、蠕变实验和动态力学分析（Dynamic Mechanical Analysis—DMA）实验，其中 DMA 实验运用得最为广泛。DMA 实验模式主要有拉伸模式、三点弯曲模式、单悬臂梁弯曲模式和剪切模式等。

如图 3－3 所示，在 DMA 实验中，对具有粘弹性特性的材料施加如式（3－16）所示周期性正弦应变（周期固定为 $2\pi/\omega$），观察材料对周期性负荷的动态响应，则应力的响应如式（3－17）所示。

$$\varepsilon(t) = \varepsilon_0 \sin\omega t \tag{3-16}$$

$$\sigma(t) = \sigma_0 \sin(\omega t + \delta) \tag{3-17}$$

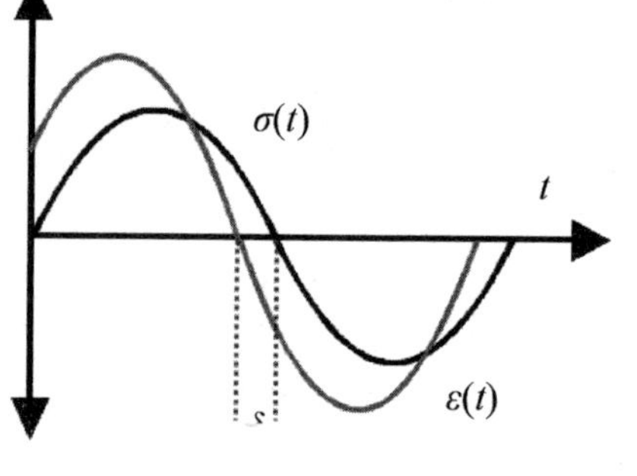

图 3－3　粘弹性行为的 DMA 实验

式中：$\varepsilon(t)$ 为动态应变；ε_0 为应变幅值；ω 为角频率；$\sigma(t)$ 为动态应力响应；σ_0 为应力幅值；δ 为相位角。得到动态应力响应 $\sigma(t)$ 如式（3－18）所示

$$\sigma(t) = E'\varepsilon_0 \sin\omega t + E''\varepsilon_0 \cos\omega t \tag{3-18}$$

式中：$E' = \dfrac{\sigma_0}{\varepsilon_0}\cos\delta$ 为储能模量；$E'' = \dfrac{\sigma_0}{\varepsilon_0}\sin\delta$ 为损耗模量。损耗正切或称阻尼因子 $\tan\delta$ 通过储能模量 E' 和损耗模量 E'' 获得。

$$\tan\delta = — \tag{3-19}$$

储能模量 E' 和损耗模量 E'' 由多个麦克斯韦单元形成的 Prony 级数表示，分别如式（3－20）和式（3－21）所示。

$$E' = E_e + \sum_{n=1}^{N} E_n \frac{\omega^2\tau_n^2}{1+\omega^2\tau_n^2} = E_0\left(c_\infty + \sum_{n=1}^{N} c_n \frac{\omega^2\tau_n^2}{1+\omega^2\tau_n^2}\right) \tag{3-20}$$

$$E'' = \sum_{n=1}^{N} E_n \frac{\omega\tau_n}{1+\omega^2\tau_n^2} = E_0 \sum_{n=1}^{N} c_n \frac{\omega\tau_n}{1+\omega^2\tau_n^2} \tag{3-21}$$

式中：E_e 为平衡松弛模量；E_0 为玻璃态模量；c_n 为第 n 个麦克斯韦单元的松弛系数；E_n 为第 n 个麦克斯韦单元的松弛模量；τ_n 为松弛时间；N 为麦克斯韦单元数量。

储能模量 E' 实质为杨氏模量 E，描述材料存储弹性变形能量的能力，表征的是材料变形后回弹的指标。损耗模量 E'' 描述材料产生变形时能量散失（转变）为热的现象，是能量损失的量度，为一阻尼衰减项，损耗模量越小，表明材料的阻尼损耗因数越小，材料就越接近理想弹性材料。损耗正切 $\tan\delta$ 表征可回复变形过程的能量损耗，值越高表明材料的非弹性变形特性越强，值越低则表明材料的弹性行为越强。

通过式（3－20）和式（3－21）可以得到每个麦克斯韦单元的弹性模量 E_n 和松弛时间 τ_n，代入松弛模量表达式（3－7）和（3－8），可得到松弛模量，包括剪切松弛模量和体积松弛模量。

对于完全固化的塑封料：文献［109－110］采用拉伸模式 DMA 实验研究了在不同频率和温度扫描下的拉伸储能模量和损耗模量，采用时间－温度叠加原理得到了拉伸储能模量和损耗模量主曲线；文献［111－112］采用三点弯曲模式 DMA 实验研究了完全固化的塑封料的弯曲储能模量，并根据时间－温度叠加原理得到储能模量主曲线，时间－温度转换因子采用 WLF 模式；文献［113－114］采用单悬臂梁弯曲模式 DMA 实验研究了不同频率下的弯曲储能模量和损耗模量，并采用损耗正切的峰温来测定 T_g温度；文献［101，115］采用剪切模式 DMA 实验研究了在不同频率和温度扫描下的的拉伸储能模量、拉伸损耗模量和损耗正切，并根据时间－温度叠加原理得到了剪切储能模量和损耗模量主曲线，时间－温度转换因子采用 WLF 模式。

塑封料的固化相关粘弹性材料特性的 DMA 实验研究主要有两种方式：一种为离散分析，首先制作具有不同固化度的样品，然后进行不同固化度样品的粘弹性特性实验，从而得到不同固化度下材料的粘弹性特性，最终得到固化相关的剪切松弛模量和体积松弛模量；另外一种模式为连续分析，通过对固化过程进行连续的监控测量，研究粘弹性特性的演化，最终得到固化相关的剪切松弛模量和体积松弛模量。

文献［101，116］采用离散分析方式对具有不同固化度的塑封料样品在不同频率、温度扫描下进行双悬臂梁模式和三点弯曲模式 DMA 实验，得到了不同固化度下的储能弯曲模量主曲线，发现固化度对储能弯曲模量具有重要影响，对玻璃态模量无明显影响，如图 3－4 所示。

Jansen 等人[117]基于连续分析模式，采用半三明治梁剪切模式的 DMA 实验研究了塑封料在不同频率扫描、不同温度载荷下的储能模量随固化反应的演化，如图 3－5 所示。

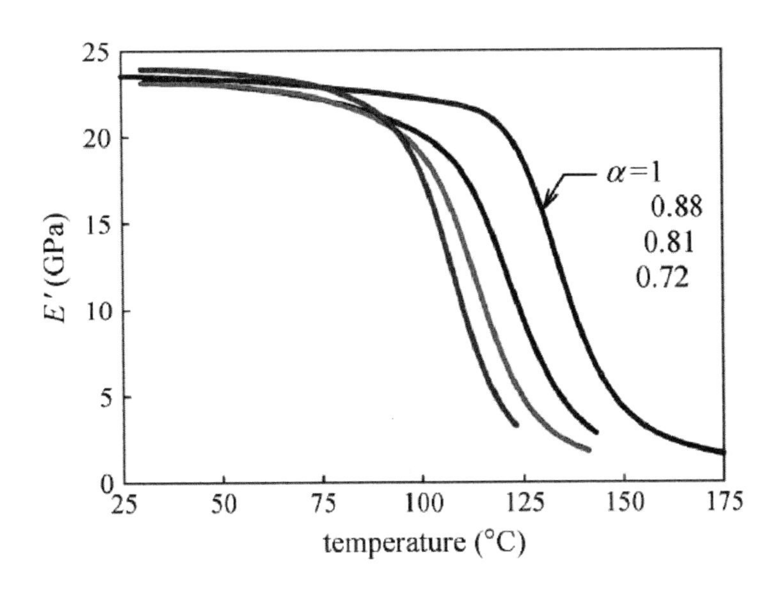

图 3－4　未完全固化塑封料的储能模量 DMA 实验[118]

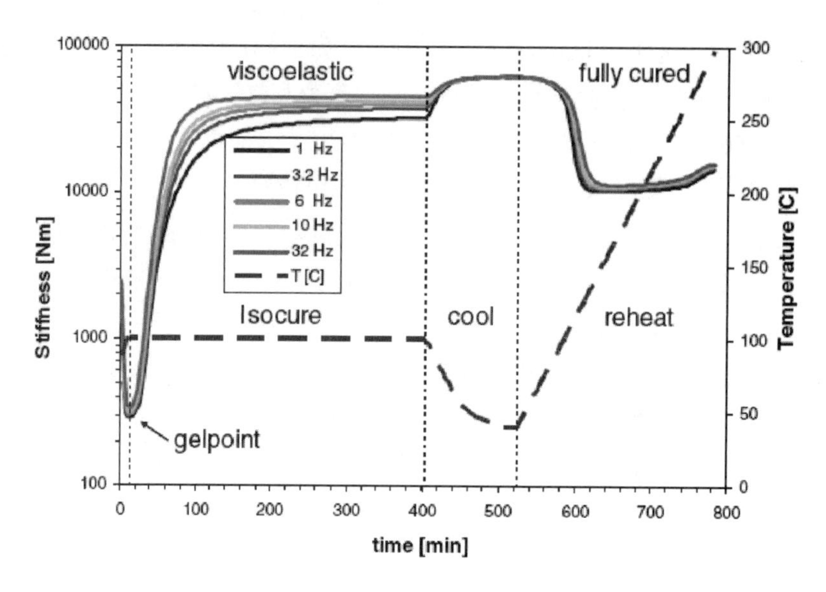

图 3-5　塑封料的储能模量演化

3.4　固化无关力学性能的拉伸模式 DMA 实验研究

3.4.1　玻璃转化温度

玻璃转化温度，即 T_g温度是表征塑封料等热固性材料特性的重要材料参数，在 T_g温度转化区域，材料的物理属性如比热容、热膨胀系数和弹性模量将发生显著变化。高于 T_g温度时，塑封料表现为橡胶态，低于 T_g温度时表现为玻璃态。塑封料的 T_g温度实验测量方法主要有 DSC 方法[32]、TMA 热机械分析方法[111]和 DMA 方法[118]。本节采用拉伸模式 DMA 实验测量完全固化后塑封料的 T_g温度。

选取第 2 章所述两款用于多圈 QFN 封装的塑封料 MC-A 和 MC-B 制作固化无关的实验样品。塑封料固化无关的实验样品为薄矩形片状结构，如图 3-6 所示，外形尺寸为 30 mm × 6 mm × 0.45 mm。

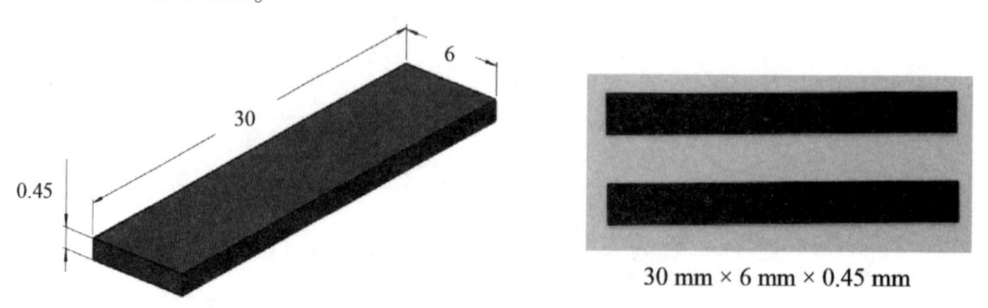

图 3-6　拉伸模式 DMA 实验样品

图3-7 TOWA Y1-R 塑封设备

实验样品的制作方法如下：选取具有光洁平面的金属薄板作为基板，采用塑封工艺将塑封料塑封至该金属基板上，塑封温度为175℃，塑封时间为90 s。塑封工艺完成后拆分塑封料和金属基板，将制作形成的塑封料薄板放入烘箱中进行塑封后固化工艺，以保证塑封料达到完全固化，塑封后固化工艺温度为175℃，时间为4 hrs。塑封后固化工艺完成后，将塑封料薄板切割成若干个如图3-6所示的实验样品。在塑封工艺中，如果不选择金属薄板作为基板，那么塑封后塑封料将和塑封模具粘在一起，导致塑封料无法与塑封模具分离，金属薄板作为支撑可顺利实现脱模。塑封工艺所用设备型号为TOWA Y1-R，如图3-7所示。

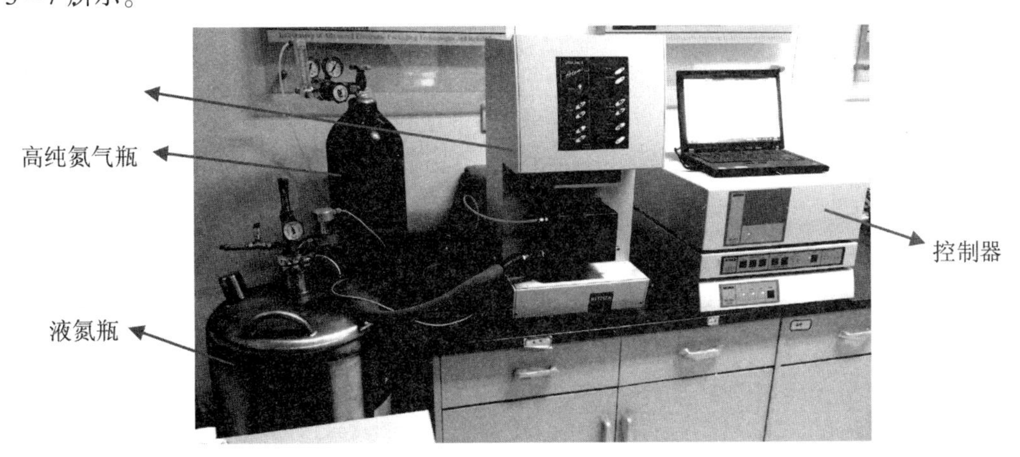

图3-8 DMA 实验设备

DMA 实验设备采用NETZSCH公司生产的新一代动态力学分析仪DMA 242E，如图3-8所示。它配置多种先进夹具，可进行三点弯曲、单/双悬臂、剪切、拉伸、针入/压缩等模式的DMA实验，可选择标准、松弛、蠕变、应力扫描、应变扫描、TMA模式共六种测量模式，频率范围为 0.01 ~ 210 Hz，温度范围为 -170 ~ 600℃，升温速率范围为 0.01 ~ 20℃/min，力范围为 0.000 ~ 12.000 N，振幅范围为 0.00 ~ 240.00 μm，模量范围为 10^{-1} ~ 10^{5} MPa。

拉伸模式 DMA 实验所用的拉伸夹具如图 3-9 所示。DMA 实验参数设定如下：选择动态升温模式；固定频率为 1 Hz；升温速率为 2℃/min；起始温度和终止温度分别为 25℃和 250℃；比例因子设定为 1.2；振幅设定为 20 μm；动态力设定为 1.5 N。

图 3-9 拉伸 DMA 实验夹具

实验得到在 1 Hz 激励频率下完全固化的塑封料 MC-A 和 MC-B 的储能模量 E'、损耗模量 E''和损耗正切 tan δ随温度变化曲线图分别如图 3-10 和图 3-11 所示。

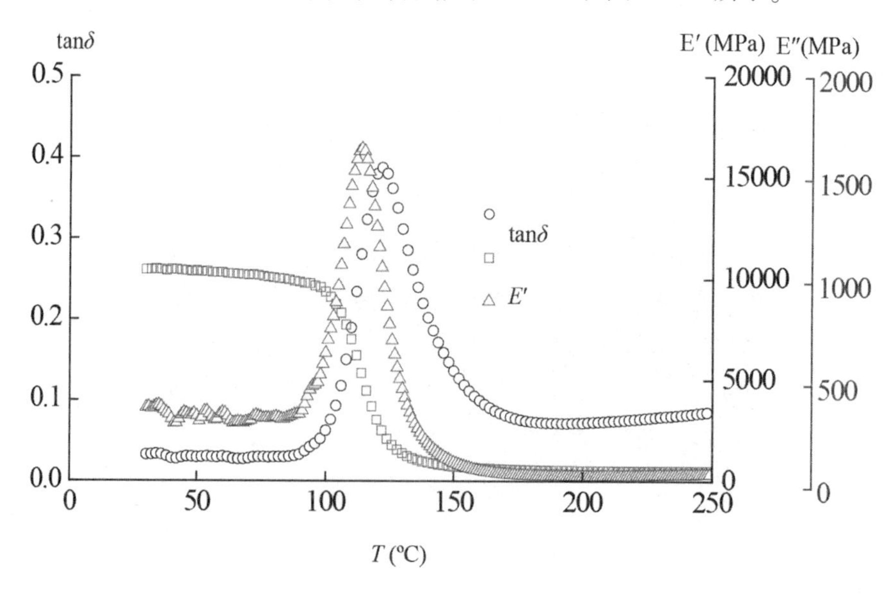

图 3-10 完全固化塑封料 MC-A 的储能模量 E'、损耗模量 E''和损耗正切 tan δ与温度的关系

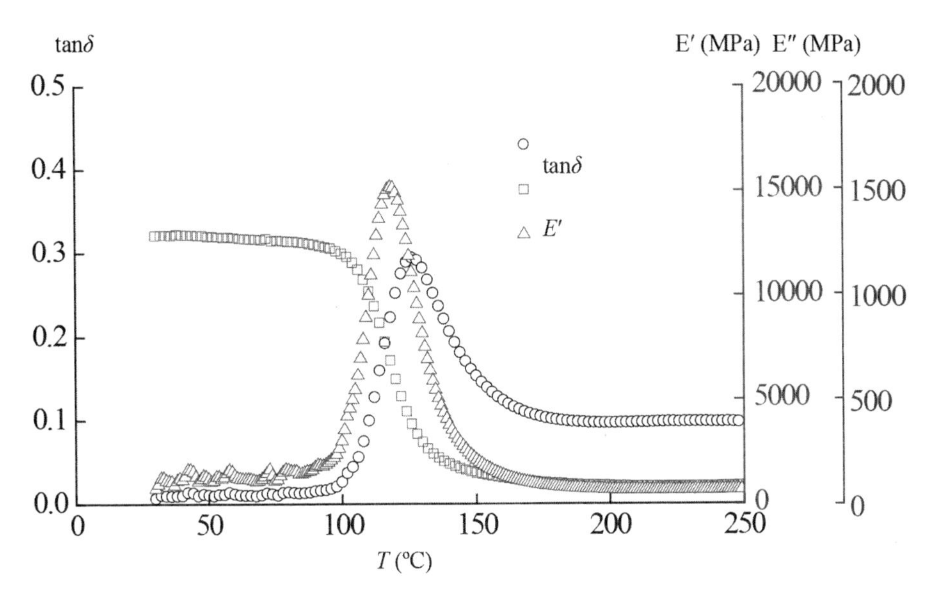

图3－11 完全固化塑封料 MC-B 的储能模量 E'、损耗模量 E''和损耗正切 tan δ与温度的关系

在图3－10和图3－11中，损耗正切 tan δ的峰值对应的温度即为 T_g温度[24]，得到完全固化后塑封料 MC-A 和 MC-B 的 T_g温度如表3－1所示。可以看出，塑封料 MC-A 的 T_g温度比 MC-B 的略小。

表3－1 塑封料 MC-A 和 MC-B 的 T_g温度

EMC Type	T_g（℃）
MC-A	120
MC-B	125

3.4.2 固化无关粘弹性本构模型

DMA 实验采用不同温度下进行多频扫描的方法连续测定塑封料的粘弹性参数，从而建立固化无关粘弹性本构模型。DMA 实验模式选择拉伸 DMA 实验，所用塑封料样品与第3.4.1节中完全相同。

拉伸模式 DMA 实验设定参数如下：选择动态升温模式；升温速率为2℃/min；起始温度和终止温度分别为25℃和250℃；比例因子设定为1.2；振幅设定为20 μm；动态力设定为1.5 N。DMA 实验激励频率选取如表3－2所示。

表3－2 拉伸 DMA 实验的激励频率表

No.	1	2	3	4	5	6
Frequency（Hz）	0.10	0.33	1.00	3.33	10.00	33.33

图3－12为塑封料 MC-A 和 MC-B 的储能模量 E' 随温度变化的曲线图。当温度远低于 T_g温度时，塑封料表现为玻璃态，储能模量 E' 较大，与频率无关，随温度增加略有降低；

当温度在 T_g 温度区域附近，塑封料经玻璃态转变为混合态，储能模量 E' 大幅降低，表现出明显粘弹性特性，频率越高，储能模量 E' 越大；当温度远高于 T_g 温度时，塑封料表现为橡胶态，储能模量 E' 较小，与频率无关，随温度无明显变化。同时还可以看出，塑封料 MC-A 的储能模量 E' 比 MC-B 的小。

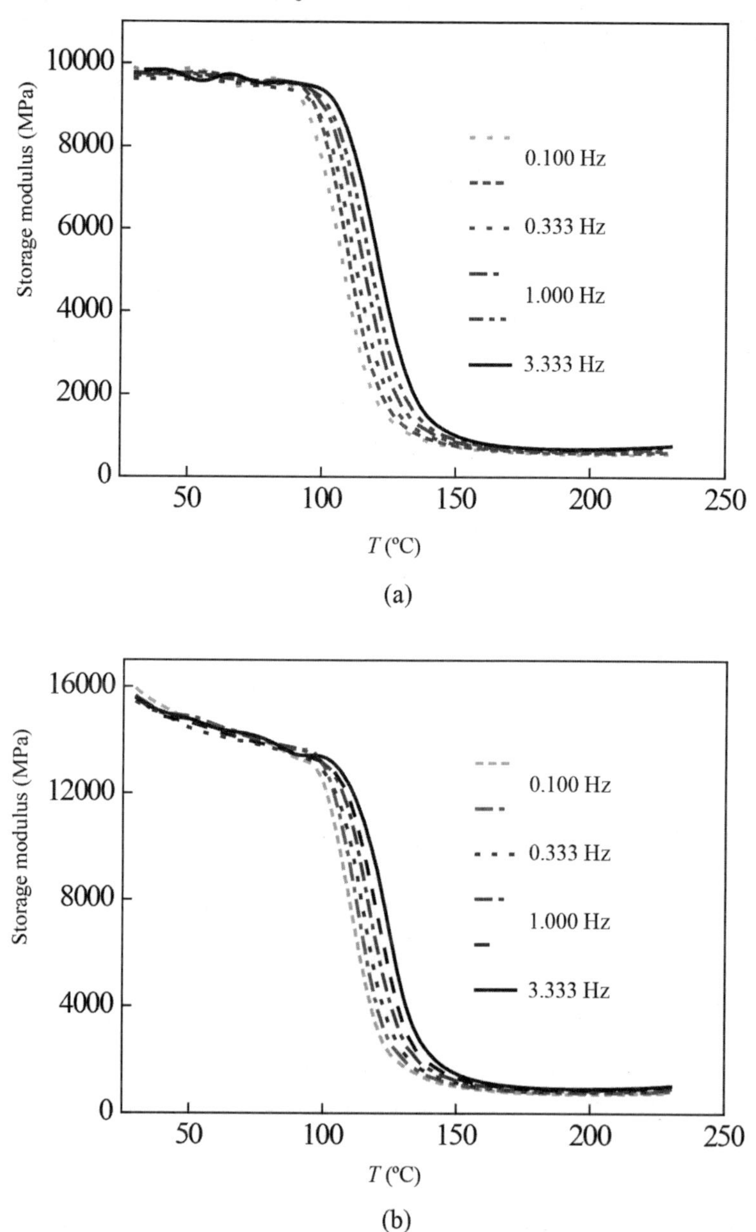

图 3－12　完全固化塑封料 MC-A 和 MC-B 不同频率下储能模量 E' 与温度关系曲线

（a）塑封料 MC-A　（b）塑封料 MC-B

图 3－13 和图 14 分别为塑封料 MC-A 和 MC-B 的损耗模量 E'' 和损耗正切 tan δ 随温度变化的曲线图。

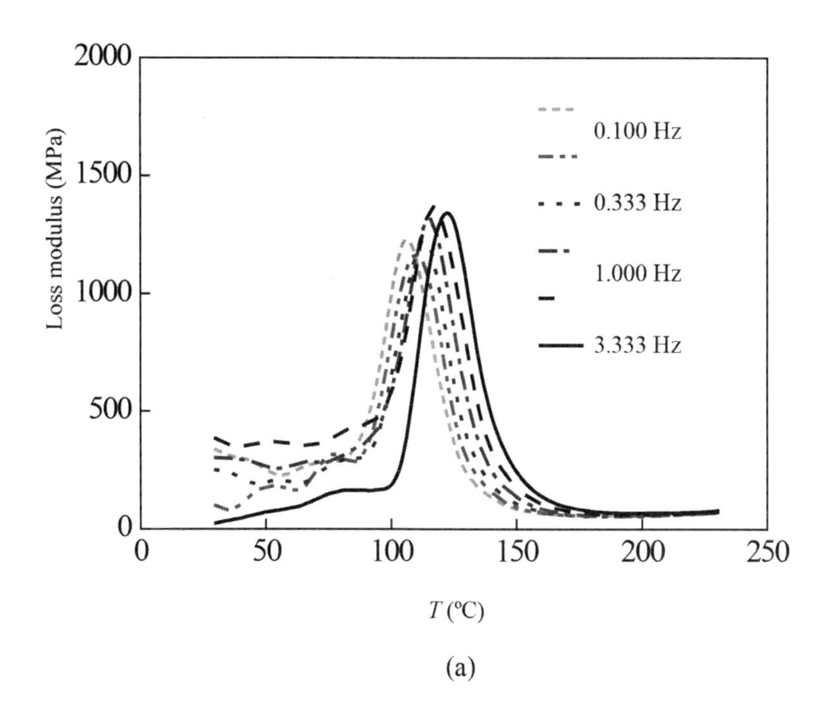

(a)

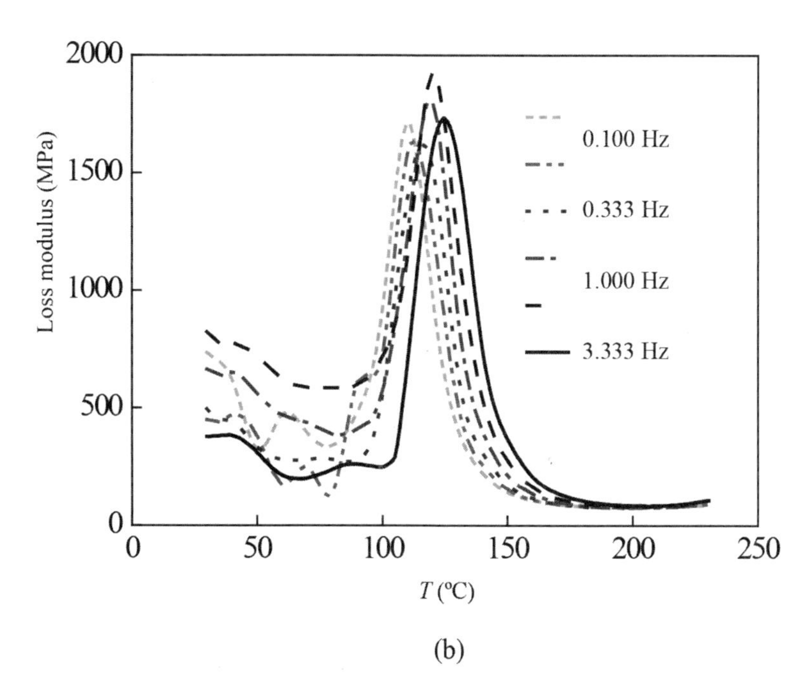

(b)

图 3－13　完全固化塑封料 MC-A 和 MC-B 不同频率下损耗模量 E'' 与温度关系曲线

（a）塑封料 MC-A　（b）塑封料 MC-B

从图 3－13 和图 14 可以看出，损耗模量 E'' 和损耗正切 tan δ与温度明显相关，在低于和高于 T_g 温度时的值较小，在 T_g 温度附近区域时的值明显增大。同时还可以看出，在高于 T_g 温度的橡胶态，损耗模量 E'' 和损耗正切 tan δ与激励频率无关。在 T_g 温度附近区域时，

损耗模量 E''和损耗正切 tan δ与激励频率明显相关。在低于 T_g温度的玻璃态，损耗模量 E''和损耗正切 tan δ的实验测量结果出现噪音，表现出与激励频率明显相关，而这与塑封料的实际力学性能不相符。

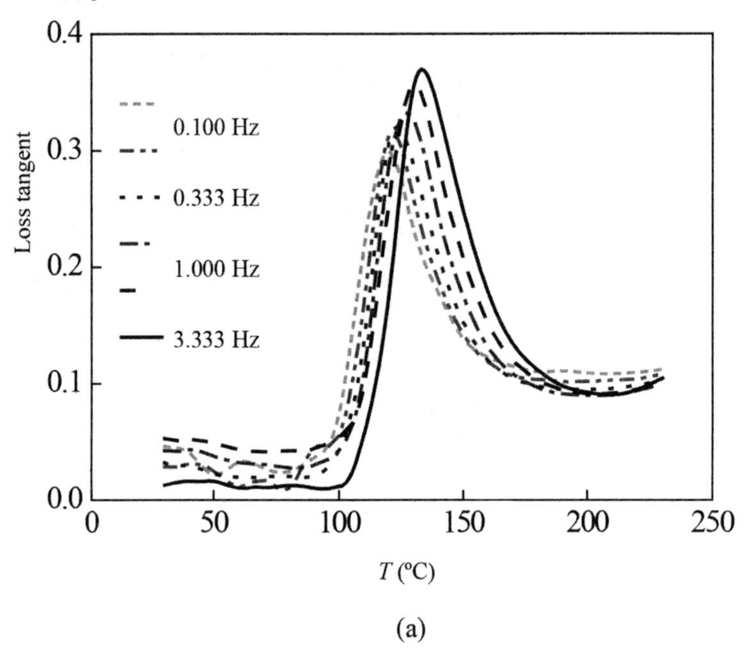

(a)

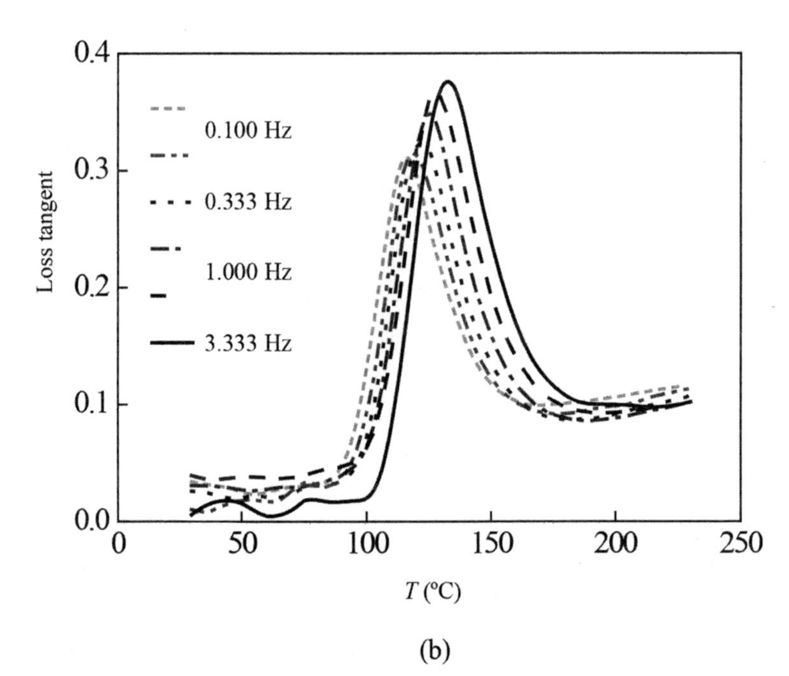

(b)

图 3－14　完全固化塑封料 MC-A 和 MC-B 不同频率下损耗正切 tan δ与温度关系曲线

（a）塑封料 MC-A　（b）塑封料 MC-B

为了得到粘弹性本构模型中的材料参数，需要对如图 3－12 所示塑封料 MC-A 和 MC-

B 的储能模量 E' 与温度的关系进行处理，转化为储能模量 E' 与激励频率的关系，如图 3－15 所示，为了方便观察，图中横轴为取对数后的频率 $\log\omega$。

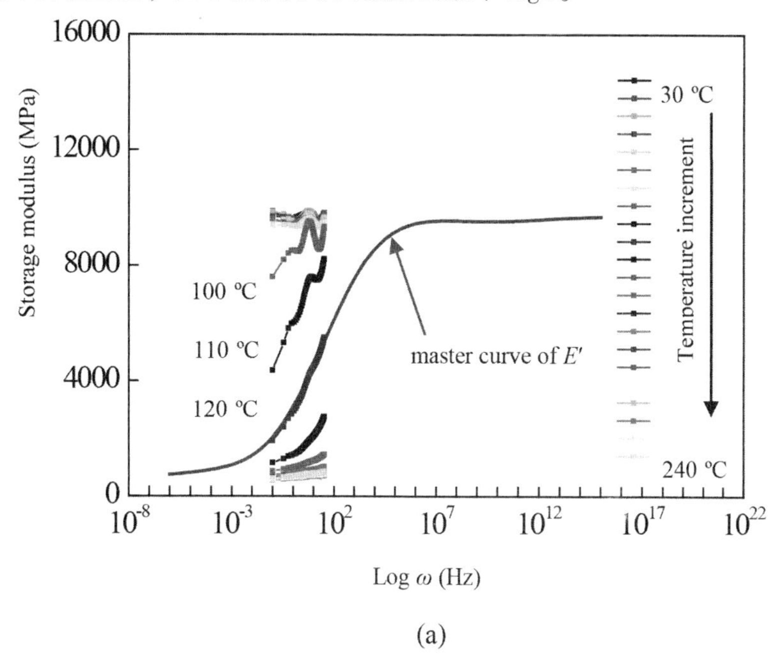

(a)

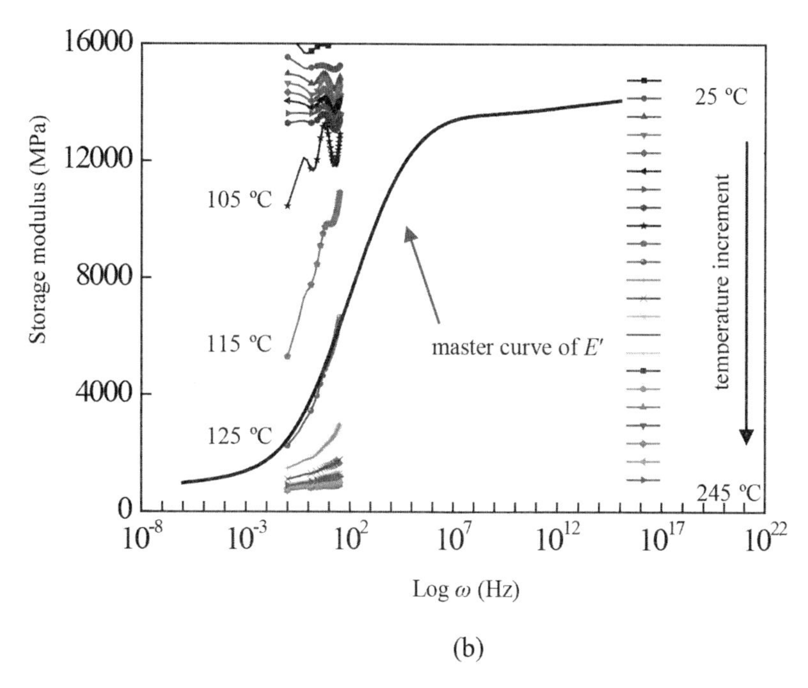

(b)

图 3－15　完全固化塑封料 MC-A 和 MC-B 的储能模量 E' 主曲线

（a）塑封料 MC-A　（b）塑封料 MC-B

从图3－15可以看出，在远离 T_g 温度的低温和高温区域的储能模量 E' 与频率无关，而在 T_g 温度附近温度区域的储能模量 E' 随频率变化较为明显。针对塑封料 MC-A 和 MC-B，分别选取其 T_g 温度作为参考温度，根据时间－温度叠加原理，将不同温度下储能模量 E' 与频率关系曲线沿水平方向向参考温度平移，得到储能模量 E' 的主曲线。

在建立储能模量 E' 主曲线的过程中，不同温度下储能模量 E' 与频率关系曲线沿水平方向的平移量为式（3－3）中的时间－温度转换因子 a_T 的对数形式 $\log a_T$。采用 WLF 方程（3－4）对时间－温度转换因子 a_T 进行描述，塑封料 MC-A 和 MC-B 的 WLF 方程（3－4）中的参考温度 T_{ref}，常数 C_1 和 C_2 如表3－3所示

表3－3　塑封料 MC-A 和 MC-B 的 WLF 方程参数

EMC Type	T_{ref}（℃）	C_1	C_2
MC-A	120	59.6	317.0
MC-B	125	40.6	200.0

表3－4　塑封料 MC-A 和 MC-B 的粘弹性材料参数

No.	τ_n（s）	c_n	
		MC-A	MC-B
1	1.0×10^{-7}	0.01558	0.04057
2	1.0×10^{-6}	0.00931	0.02116
3	1.0×10^{-5}	0.05343	0.07018
4	1.0×10^{-4}	0.08193	0.10646
5	1.0×10^{-3}	0.1589	0.14902
6	1.2×10^{-2}	0.17827	0.16107
7	1.0×10^{-1}	0.17243	0.14256
8	1.0×10^{0}	0.11453	0.1014
9	1.0×10^{1}	0.06522	0.0573
10	1.0×10^{2}	0.02999	0.02795
11	1.0×10^{3}	0.0186	0.01487
12	1.0×10^{4}	0.01118	0.00933
13	1.0×10^{5}	0.00755	0.00655
14	1.0×10^{6}	0.00467	0.00521
E_0（MPa）		9643	14102
R^2		0.99991	0.99946

松弛模量 E' 主曲线采用广义麦克斯韦方程进行描述，如式（3－20）所示。采用 Origin 软件对图3－15中塑封料 MC-A 和 MC-B 的松弛模量 E' 主曲线进行拟合，即可得到相应

的松弛时间 τ_n 和松弛系数 c_n，如表3－4所示。可以看出，塑封料MC-A和MC-B的麦克斯韦单元数量均为14个，表征拟合效果的相关性参数 R^2 值均达到0.9999以上，说明塑封料MC-A和MC-B的粘弹性材料参数的拟合效果良好。

塑封料MC-A和MC-B的松弛模量 E' 主曲线拟合结果如图3－16所示。可以看出，塑封料MC-A的玻璃态模量明显比塑封料MC-B的小。

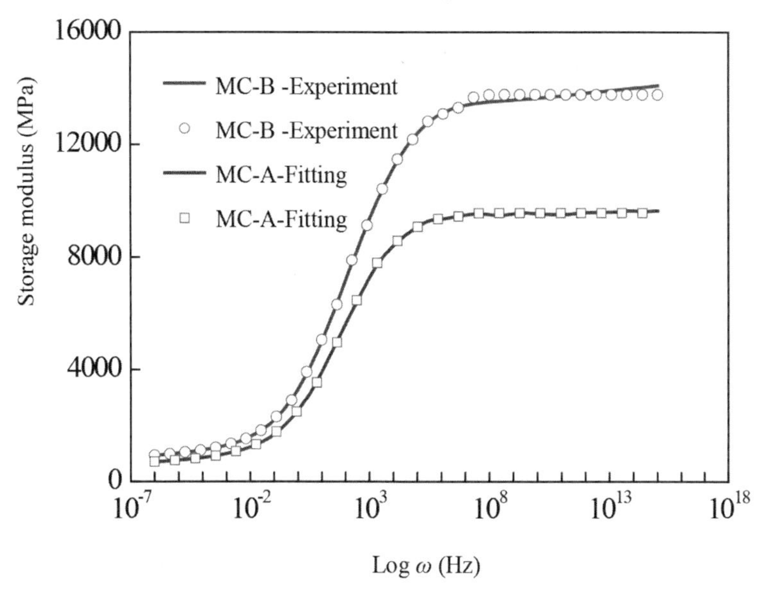

图3－16　完全固化塑封料MC-A和MC-B的储能模量 E' 主曲线

（a）塑封料MC-A　（b）塑封料MC-B

3.5　固化相关力学性能的压缩模式DMA实验研究

对于未固化塑封料，在塑封工艺过程中，塑封料先软化为液体，并发生固化反应。随着固化反应的进行，塑封料逐渐由液体转变为固态。

本节以未固化塑封料MC-A为研究对象，采用连续分析方式的压缩模式DMA实验检测在整个固化过程中其力学性能演化。所用压缩模式夹具如图3－17所示。

压缩模式DMA实验样品为未固化的塑封料粉末。与DSC实验中样品的制备方法类似，预先通过刀具刮取少许塑封料，并碾成粉末，然后天平秤取10 ± 0.5 mg塑封料粉末样品置于铝制坩埚内，并抹平压实实验样品，所用铝制坩埚的尺寸为Ø6.0 mm×1.5 mm，然后将Ø6.0 mm×0.5 mm的蓝宝石圆片置于压实的粉末样品上，如图3－18所示。

选定1，5，10 Hz进行多频扫描，DMA实验过程分为4个阶段：（1）以5℃/min从室温25℃快速升温至175℃，动态力设为1.5 N，振幅为10 μm；（2）然后以175℃等温固化4 hrs，动态力设为5 N，振幅为10 μm；（3）再以2℃/min从175℃降至30℃，动态力设为 5 N，振幅为 10 μm；（4）以 30℃温度等温保持 1 hr，再以 2℃ /min 从 30℃升至 280℃，动态力设为 5 N，振幅为 10 μm。

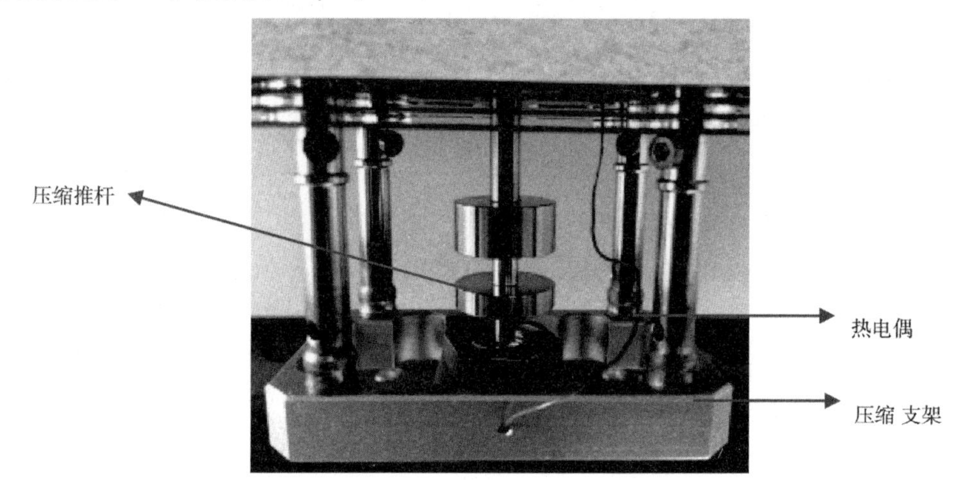

图 3 – 17　DMA 压缩实验夹具

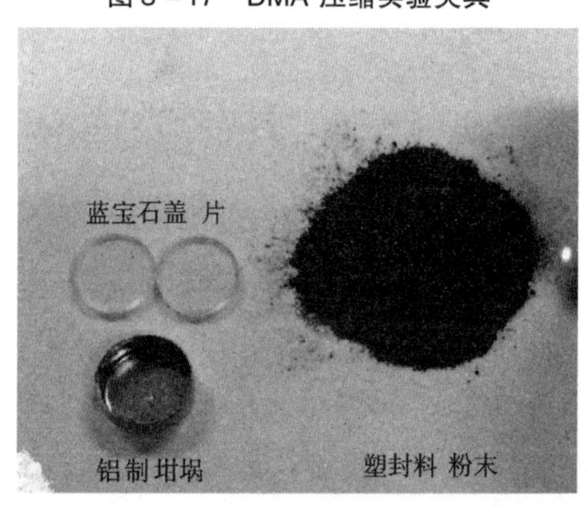

图 3 – 18　DMA 压缩实验样品准备

在 DMA 实验过程中，塑封料 MC-A 发生固化反应，材料特性随着固化反应发生显著变化，由压缩 DMA 实验测得其储能模量随时间和温度载荷的演化如图 3 – 19 所示。塑封料动态力学性能演化可分为以下三个阶段：

（1）凝胶化阶段：在升温的初始阶段，随着温度的升高，塑封料实验样品逐渐软化，由固体粉末变为液体，同时发生固化反应，储能模量逐渐减小；当温度升至 125℃左右时，储能模量接近 0；当温度进一步升高时，储能模量迅速增大，此时塑封料的固化反应达到凝胶化点（gel point），由液体转变为具备承载能力的固体。

（2）固化阶段：当塑封料达到凝胶化点后，储能模量迅速增大；当温度载荷达到 175℃后，塑封料的储能模量增大速率逐渐减小；在 175℃等温固化 4 hrs 过程中，储能模量有小幅的增大；等温固化完成后，塑封料达到完全固化。

（3）完全固化阶段：当温度载荷由 175℃降至 30℃过程中，储能模量迅速增大，表现出明显的粘弹性特性，当塑封料达到玻璃态时，储能模量基本保持不变；在 30℃ 等温固化 1 hr 过程中，发现不同频率的储能模量出现波动，这是由于此时塑封料实验样品硬而且脆，导致压缩实验的噪音较大；在后续的升温阶段，储能模量速减小，当温度超过 T_g 温度后，发生玻璃化转变，储能模量迅速减小，当温度继续上升，材料逐步达到橡胶态，储能模量基本保持不变，这与上节中完全固化塑封料的拉伸 DMA 实验结果相似。另外，通过对比不同频率下的储能模量曲线，发现不同频率下储能模量曲线基本重合，说明频率的影响不明显。

需要特别说明的是，由压缩 DMA 实验得到塑封料 MC-A 完全固化后的玻璃态模量约为 6000 MPa，与表 3－4 中由拉伸 DMA 实验得到的 9643 MPa 具有较大差异。这是因为在本压缩 DMA 实验中，由于所用夹具的限制，需要在塑封料样品上覆盖蓝宝石圆片，这种间接测量导致测得的储能模量受到了蓝宝石圆片的影响。尽管如此，该压缩 DMA 实验方法可连续检测未固化塑封料在整个固化过程的动态力学性能演化。

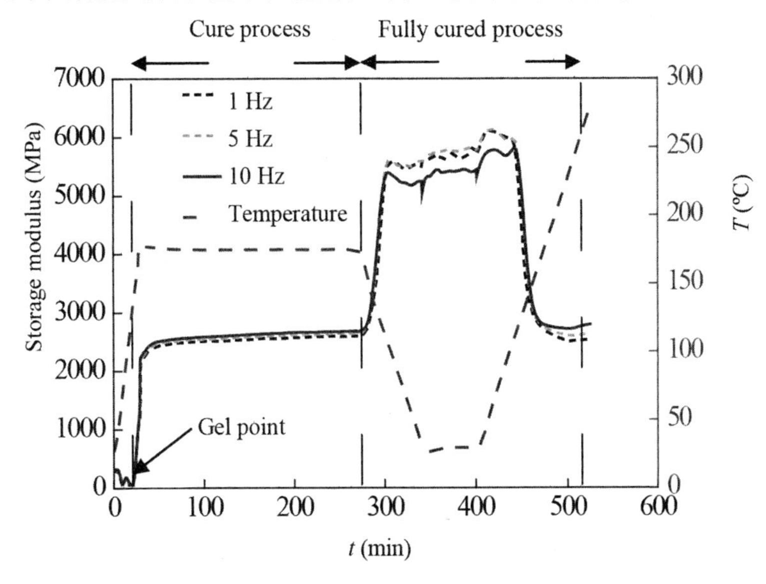

图 3－19　未固化塑封料的储能模量演化

3.6　本章小结

本章采用 DMA 实验研究了多圈 QFN 封装塑封料的固化无关和固化相关动态力学性能。采用拉伸模式 DMA 实验测定了完全固化塑封料的玻璃转化温度 T_g，以及储能模量、损耗模量和损耗正切等粘弹性材料参数。根据时间－温度叠加原理得到了采用广义麦克斯韦方程的储能模量主曲线和基于 WLF 方程的时间－温度转化因子。通过非线性拟合建立了固化无关的粘弹性本构模型参数。

发展了一种连续检测未固化塑封料在整个固化过程中力学性能演化的方法。采用压缩模式 DMA 实验研究了未固化塑封料的储能模量随温度、时间和固化反应的演化。研究发现：凝胶化点前，储能模量很小；凝胶化点后，储能模量随固化反应快速增大；完全固化后，储能模量与固化无关，表现为固化无关粘弹性力学性能。

通过本章工作建立了后续有限元仿真计算所需的塑封料粘弹性本构模型参数，为研究多圈 QFN 封装翘曲数值模拟和工艺参数优化、研究塑封料/芯片载体界面分层，提供了理论基础。

第4章　多圈 QFN 电子封装翘曲数值模拟与工艺参数优化

4.1　引　言

随着电子封装向薄型化和小型化不断发展，电子封装面临的翘曲变形问题日益严重，过度的翘曲变形不仅会引起界面分层、焊点断裂等可靠性问题，而且还会增加植球、切割成型、表面贴装等封装工艺步骤的工艺难度，导致封装的可制造性和良率大大降低。QFN 封装，尤其是多圈 QFN 封装，由于其单面塑封特性，面临的过度翘曲问题尤为突出。因此，在多圈 QFN 封装的研发设计阶段，如何有效预测并通过最优化设计控制翘曲，对于提升产品的可制造性、可靠性和产品良率具有重要的意义。

本章首先建立描述双圈引脚排列 VQFN68L 封装翘曲分析的三维有限元模型，研究始设计情况下 VQFN68L 封装在回流焊温度 260℃下的翘曲变形，然后采用基于数值模拟的田口正交实验设计方法研究封装结构参数和材料参数的影响，并找到对翘曲具有显著影响的设计变量，最后采用响应曲面法建立封装翘曲的预测模型，并得到设计变量的最优组合设计。基于多次重启动技术，实现多圈 QFN 封装工艺过程的数值模拟。在一个工艺步骤仿真完成后，将该步骤得到的封装翘曲结果进行保存，作为下一工艺步骤仿真的初始条件。同时，在不同工艺步骤仿真中，塑封料的本构模型根据工艺步骤的不同进行更换。重点研究多圈 QFN 封装条带在塑封工艺至塑封后固化工艺阶段的翘曲演化，并采用单一因子方法研究塑封温度、塑封时间、塑封压强、塑封料后固化温度和塑封料后固化时间等工艺参数对封装条带翘曲的影响。

4.2　多圈 QFN 封装翘曲的实验设计

4.2.1　多圈 QFN 封装翘曲的有限元分析

图 4－1 为双圈引脚排列的 VQFN68L 封装的结构示意图，其中图 4－1（a）为等视图，图 4－1（b）为背面示意图。VQFN68L 封装包括塑封料、裸露的芯片载体和围绕芯片

载体呈双圈排列的引脚，每圈引脚之间呈交错排列，其中芯片和粘片胶置于封装体内部。

结构参数的初始设计：VQFN68L 封装的尺寸为 7 mm × 7 mm × 0.75 mm；粘片胶的厚度为 0.02 mm；引脚的尺寸为 0.4 mm × 0.2 mm × 0.2 mm；引脚之间的间距为 0.65 mm；芯片载体的尺寸为 4.2 mm × 4.2 mm × 0.2 mm。

材料参数的初始设计：芯片的弹性模量为 131000 MPa，热膨胀系数为 $2.8 \times 10^{-6}/℃$；芯片载体和引脚的弹性模量为 117000 MPa，热膨胀系数为 $17.3 \times 10^{-6}/℃$；塑封料类型采用第 2～3 章中进行实验研究的塑封料 MC-B，其在回流焊温度 260℃状态下的弹性模量 1150 MPa，热膨胀系数为 $45 \times 10^{-6}/℃$；粘片胶在回流焊温度 260℃状态下的弹性模量为 6 MPa，热膨胀系数为 $250 \times 10^{-6}/℃$。

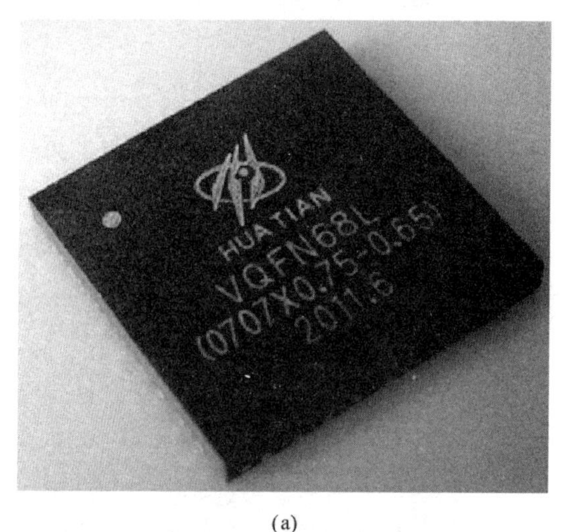

(a)

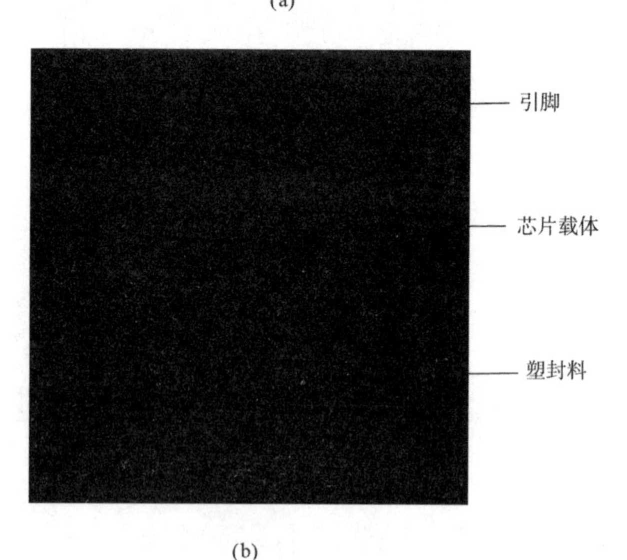

(b)

图 4－1 VQFN68L 封装的结构示意图

(a) 等视图 (b) 背面视图

采用有限元仿真软件 ANSYS 建立 VQFN68L 封装的三维有限元模型，如图 4－2 所示。有限元模型包括塑封料、芯片、粘片胶、芯片载体和引脚共五部分，忽略了键合引线的影响。所有材料均设定为线弹性材料。整个模型均采用六面体结构单元进行划分，单元类型为 SOLID185 单元。

图 4－2　VQFN68L 封装的有限元模型

将 VQFN68L 封装三维有限元模型的背面中心位置设为固定约束以消除刚体位移。设定有限元分析的参考温度，即无应力无变形状态时的温度为塑封温度 175℃。对整个模型施加回流焊温度 260℃，研究封装的翘曲变形。

在初始设计情况下，VQFN68L 封装翘曲的有限元结果如图 4－3 所示，可以看出，在回流焊温度 260℃下，封装的翘曲方向向上。封装边缘位置的翘曲较大，最大翘曲位置位于封装的角点处，其值为 0.032 mm。

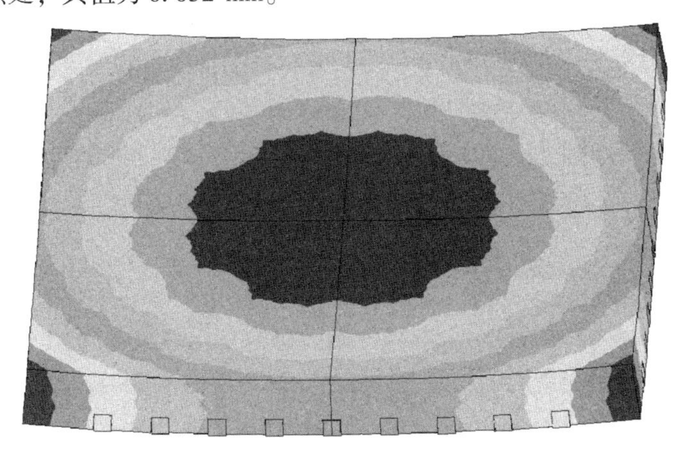

图 4－3　初始设计情况下 VQFN68L 封装的翘曲

4.2.2 田口正交实验设计与分析

为了研究封装的结构和材料参数对 VQFN68L 封装翘曲的影响，采用统计分析软件 MINITAB，选取田口正交实验设计方法进行实验设计分析。田口正交实验设计方法已广泛应用于电子封装可靠性的分析与设计研究中[63, 119]。

选取塑封体厚度、芯片长度和厚度共 3 个结构参数，以及在回流焊温度 260℃下塑封料和粘片胶的弹性模量和热膨胀系数共 4 个材料参数作为实验设计分析的设计变量，其他结构参数和材料参数保持初始设计值。各设计变量及其水平如表 4－1 所示，其中塑封体厚度具有 2 个水平，其余设计变量均具有 3 个水平。

表 4－1 VQFN68L 封装翘曲分析的设计变量和水平

Design variables	Factors	Levels		
		1	2	3
EMC_ Thickness (mm)	A	0.5	0.75	-
Die_ Thickness (mm)	B	0.1	0.2	0.3
Die_ Length (mm)	C	1.2	2.6	4.0
EMC_ E (MPa)	D	400	1200	2000
EMC_ CTE (10^{-6}/℃)	E	30	45	60
Die attach_ E (MPa)	F	1	6	11
Die attach_ CTE (10^{-6}/℃)	G	150	250	350

采用田口实验设计方法建立了 L_{18}（$2^1 \times 3^6$）混合正交表，共进行 18 组仿真实验，选取 VQFN68L 封装的最大翘曲作为目标函数。为了分析各设计变量对最大翘曲的影响效应，在实验设计分析中将最大翘曲转化为信噪比（Signal to Noise Ratio—S/N）作为目标函数。信噪比是实验设计重要的评估指标，其值越大，影响越显著。由于封装翘曲越小，其可制造性与可靠性越高，因此采用基于望小特性的信噪比公式，其表达式为：

$$S/N = -10 \times \log\left\{\frac{1}{n}\sum_{i=1}^{n} y_i^2\right\} \tag{4-1}$$

式中：n 为每种组合的重复实验次数，由于采用基于有限元数值模拟的虚拟实验，因此 n 取值1；y_i 为每种设计组合情况下的最大翘曲。由每种组合实验计算信噪比，建立设计变量的信噪比平均效应响应，即将各设计变量同一水平的信噪比进行平均，信噪比平均效应的计算表达式为：

$$M_{ij} = \frac{1}{N}\sum_{k=1}^{N} y_{ijk} \tag{4-2}$$

式中：ij 为 i 设计变量 j 水平；M_{ij} 为 i 设计变量在 j 水平条件下信噪比的平均值，即平均效应；y_{ijk}为 i 设计变量在 j 水平条件下第 k 组实验的信噪比；N 为 i 设计变量在 j 水平条件下的实验组数。

根据混合正交表，得到各种设计组合情况下的翘曲及其信噪比，如表 4－2 所示。

表 4－2　实验结果和信噪比 S/N

Experimental run	Factors and levels							Warpage	S/N
	A	*B*	*C*	*D*	*E*	*F*	*G*	(mm)	(dB)
1	1	1	1	1	1	1	1	0.033	29.8
2	1	1	2	2	2	2	2	0.039	28.2
3	1	1	3	3	3	3	3	0.045	26.9
4	1	2	1	1	2	2	3	0.034	29.3
5	1	2	2	2	3	3	1	0.036	28.8
6	1	2	3	3	1	1	2	0.026	31.8
7	1	3	1	2	1	3	2	0.025	31.9
8	1	3	2	3	2	1	3	0.026	31.6
9	1	3	3	1	3	2	1	0.021	33.6
10	2	1	1	3	3	2	2	0.043	27.3
11	2	1	2	1	1	3	3	0.029	30.6
12	2	1	3	2	2	1	1	0.035	29.0
13	2	2	1	2	3	1	3	0.039	28.1
14	2	2	2	3	1	2	1	0.026	31.8
15	2	2	3	1	2	3	2	0.028	31.2
16	2	3	1	3	2	3	1	0.030	30.4
17	2	3	2	1	3	1	2	0.033	29.7
18	2	3	3	2	1	2	3	0.020	34.1

表 4－3　设计变量的信噪比 S/N 平均效应

	A	*B*	*C*	*D*	*E*	*F*	*G*
Level 1	30.20	28.64	29.46	30.68	31.66	29.99	30.56
Level 2	30.24	30.16	30.12	30.02	29.96	30.70	30.00
Level 3	–	31.87	31.09	29.97	29.05	29.98	30.10
Delta	0.04	3.23	1.63	0.71	2.61	0.72	0.56
Rank	7	1	3	5	2	4	6
Opt Level	*A*2	*B*3	*C*3	*D*1	*E*1	*F*2	*G*1

各设计变量及其水平的信噪比平均效应结果如表 4－3 和图 4－4 所示。从表 4－3 和

图 4－4 可以看到各个设计变量对封装最大翘曲及其信噪比的影响大小，其中芯片厚度（*B*）、塑封料的热膨胀系数（*E*）和芯片长度（*C*）对封装翘曲的影响最为重要，其次为粘片胶的弹性模量（*F*）、塑封料的弹性模量（*D*）、粘片胶的热膨胀系数（*G*）和塑封体厚度（*A*）。同时，通过实验设计分析得到设计变量的最优组合设计为 *A*2*B*3*C*3*D*1*E*1*F*2*G*1。

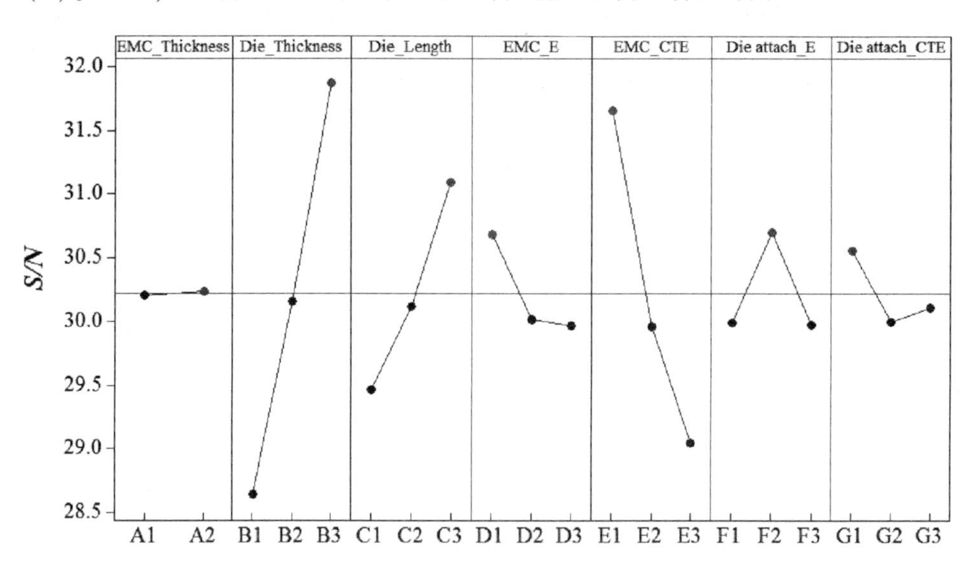

图 4－4　信噪比 *S/N* 平均效应

表 4－4　初次变异分析

Design variables	DF	Seq SS	Adj SS	Adj MS	F	P	Confidence
EMC_ Thickness（mm）	1	0.007	0.007	0.007	0.01	0.941	5.9%
Die_ Thickness（mm）	2	31.316	31.316	15.658	14.94	0.014	98.6%
Die_ Length（mm）	2	8.033	8.033	4.016	3.83	0.118	88.2%
EMC_ *E*（MPa）	2	1.898	1.898	0.949	0.91	0.474	52.6%
EMC_ CTE（10^{-6}/℃）	2	20.971	20.971	10.485	10.00	0.028	97.2%
Die attach _ *E*（MPa）	2	2.072	2.072	1.036	0.99	0.448	55.2%
Die attach_ CTE（10^{-6}/℃）	2	1.048	1.048	0.524	0.50	0.50	50.0%
Error	4	4.193	4.193	1.048			
Total	17	69.538					

为了确认各设计变量对 VQFN68L 封装翘曲的影响是否具有显著性，以及排除偶然误差造成的影响，采用变异分析（Analysis of Variance—AVONA）方法进行分析评估。设置设计变量显著性的信心（Confidence）水平为 95%，对实验结果进行变异分析，结果如表 4－4 所示。

经过初次变异分析可以发现，芯片厚度和塑封料的热膨胀系数对翘曲的影响具有显著性，塑封料厚度、粘片胶的热膨胀系数和塑封料的弹性模量明显为非显著性设计变量，而芯片长度和粘片胶的弹性模量是否具有显著性需进一步进行变异分析以排除偶然误差造成的影响。

通过将上述明显无显著性的设计变量并入误差项，再次进行变异分析，结果如表4-5所示。经过再次变异分析后，发现芯片厚度、塑封料的热膨胀系数和芯片长度共3个设计变量对翘曲具有显著性影响。

表4-5 再次变异分析

Design variables	DF	Seq SS	Adj SS	Adj MS	F	P	Confidence
EMC_ Thickness (mm)				Pooled			
Die_ Thickness (mm)	2	31.316	31.316	15.658	19.72	0.001	99.9%
Die_ Length (mm)	2	8.033	8.033	4.016	5.06	0.034	96.6%
EMC_ *E* (MPa)				Pooled			
EMC_ CTE (10^{-6}/℃)	2	20.971	20.971	10.485	13.21	0.002	99.8%
Die attach _ *E* (MPa)	2	2.072	2.072	1.036	1.30	0.318	68.2%
Die attach_ CTE (10^{-6}/℃)				Pooled			
Error	9	7.146	7.146	0.794			
Total	17	69.538					

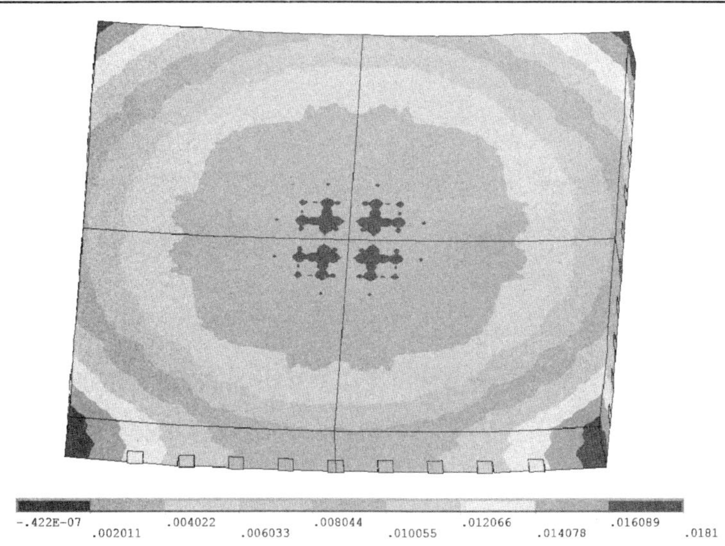

图4-5 最优组合设计情况下VQFN68L封装的翘曲云图

采用有限元数值模拟方法验证设计变量最优组合设计的有效性。设计变量的最优组合设计情况下，VQFN68L封装的翘曲如图4-5所示。初始设计和最优组合设计情况下的翘曲结果比较，以及相应的设计变量和水平如表4-6所示。

从图4-5和表4-6可以看出，在回流焊温度260℃下，初始设计和最优组合设计情况下的翘曲方向均向上，封装边缘位置的翘曲较大，最大翘曲位置位于封装的角点处。设计变量的最优组合设计可将翘曲由初始设计情况下的 0.032 mm 减小到 0.018 mm，可将翘曲有效降低 44%。

表 4－6　初始设计和最优组合设计结果比较

Design	Design variables and levels							Warpage
	A	*B*	*C*	*D*	*E*	*F*	*G*	(mm)
Original	1	2	2	2	2	2	2	0.032
Optimization	2	3	3	1	1	2	1	0.018

通过上述田口正交实验设计分析方法，研究了结构参数和材料参数对 VQFN68L 封装翘曲的影响，并且找到了对具有显著影响的设计变量。得到了设计变量的最优组合设计，经有限元计算验证，得到的设计变量的最优组合设计可有效改善 VQFN68L 封装的翘曲。

4.2.3　基于响应曲面法的翘曲优化设计

响应曲面法（Response Surface Method—RSM）是解决多设计变量问题的一种统计方法，在合理的实验设计分析的基础上，采用多元回归方程拟合自变量与响应值之间的函数关系，并且通过对回归方程的分析得到设计变量的最优设计。如果响应值适合于用自变量的线性函数建模，则回归方程，即近似函数是线性模型：

$$y = \beta_0 + \beta_1 x_1 + \beta_2 x_2 + \cdots + \beta_k x_k + \varepsilon \tag{4-3}$$

如果响应值与自变量之间存在明显的非线性关系，则必须采用更高阶形式的多项式，例如二阶模型：

$$y = \beta_0 + \sum_{i=1}^{k} \beta_i x_i + \sum_{i=1}^{k} \beta_{ii} x_i^2 + \sum_{i} \sum_{j} \beta_{ij} x_i x_j + \varepsilon \tag{4-4}$$

在式（4－3）和式（4－4）中，y 为因变量，x 为自变量，ε 为误差项，k 代表自变量个数。文献［120－122］采用响应曲面法进行了电子封装可靠性的研究与优化设计。第 4.2.2 节通过田口正交实验设计分析方法得到了对 VQFN68L 封装翘曲具有显著影响的设计变量，包括芯片厚度、塑封料的热膨胀系数和芯片长度。本节将根据田口正交实验确定的显著设计变量，借助统计学软件 Design-Expert Software 进行响应曲面分析，进行翘曲的优化设计，得到翘曲预测模型。

在响应曲面分析中，采用中心复合设计（Central Composite Design—CCD）方法进行研究。设计变量共 3 个，分别为芯片厚度、芯片长度和塑封料的热膨胀系数，每个设计变量具有 3 个水平，如表 4－7 所示。

响应曲面分析的响应值，即目标函数为 VQFN68L 封装在回流焊温度 260℃ 下的翘曲。采用有限元数值模拟方法共进行 15 组仿真实验，结果如表 4－8 所示。需要说明的是，在有限元分析中，除了芯片厚度、芯片长度和塑封料的热膨胀系数 3 个设计变量之外，其他结构参数和材料参数均采用初始设计情况下的值。

表 4－7　响应曲面分析的设计变量和水平

Design variables	Factors	Levels		
		1	2	3
Die_ Thickness（mm）	A	0. 1	0. 2	0. 3
Die_ Length（mm）	B	1	2	3
EMC_ CTE（10^{-6}/℃）	C	30	45	60

表 4－8　响应曲面分析的实验结果和响应特性

Experimental run	Die_ Thickness (mm)	Die_ Length (mm)	EMC_ CTE (10^{-6}/℃)	Warpage (mm)
1	0. 3	1	60	0. 036
2	0. 2	2	30	0. 028
3	0. 1	2	45	0. 037
4	0. 2	2	45	0. 034
5	0. 3	3	60	0. 032
6	0. 3	1	30	0. 026
7	0. 2	2	60	0. 040
8	0. 3	2	45	0. 031
9	0. 1	3	60	0. 043
10	0. 1	1	30	0. 029
11	0. 1	1	60	0. 043
12	0. 2	3	45	0. 032
13	0. 2	1	45	0. 034
14	0. 1	3	30	0. 030
15	0. 3	3	30	0. 023

表 4－9　翘曲回归方程的合理选择

Source	Std. Dev.	R^2	Adjusted R^2	Predicted R^2	Press	Remark
Linear	1. 414E－003	0. 9542	0. 9417	0. 8945	5. 070E－005	
2FI	8. 292E－004	0. 9886	0. 9800	0. 9348	3. 130E－005	
Quadratic	3. 496E－004	0. 9987	0. 9964	0. 9888	5. 385E－006	Suggested
Cubic	1. 054E－004	1. 0000	0. 9997	0. 9302	3. 352E－005	Aliased

根据表4-8的实验结果，对翘曲的回归方程进行拟合分析，得到合理的回归方程。根据统计分析，当相关系数 R^2 值越接近1时，回归方程与有限元数值计算结果的拟合效果越理想。从表4-9可以看出，二阶回归方程的拟合程度最好，相关系数 R^2 为0.9888。得到的二阶模型回归方程，即翘曲的预测模型为：

$$\begin{aligned}
Warpage =\ & 7.7E-3 + 0.020444 \times Die_Thickness + 6.39444E-3 \times Die_Length + \\
& 5.97778E-4 \times EMC_CTE - 1.0E-2 \times Die_Thickness \times Die_Length - \\
& 6.66667E-4 \times Die_Thickness \times EMC_CTE - \\
& 1.66667E-5 \times Die_Length \times EMC_CTE - 0.011111 \times Die_Thickness^2 \\
& - 1.11111E-3 \times Die_Length^2 - 4.93827E-7 \times EMC_CTE^2
\end{aligned} \quad (4-5)$$

对翘曲响应的二阶回归方程进行变异分析，结果如表4-10所示。

表4-10 响应曲面二阶模型的变异分析

Source	SS	DF	MS	F	P	Remark
Model	4.798E-004	9	5.331E-005	436.17	< 0.0001	Significant
Die_ Thickness	1.156E-004	1	1.156E-004	945.82	< 0.0001	
Die_ Length	6.400E-006	1	6.400E-006	52.36	0.0008	
EMC_ CTE	3.364E-004	1	3.364E-004	2752.36	< 0.0001	
Die_ Thickness × Die_ Length	8.000E-006	1	8.000E-006	65.45	0.0005	
Die_ Thickness × EMC_ CTE	8.000E-006	1	8.000E-006	65.45	0.0005	
Die_ Length × EMC_ CTE	5.000E-007	1	5.000E-007	4.09	0.0990	
Die_ $Thicknes^2$	3.175E-008	1	3.175E-008	0.26	0.6320	
Die_ $Length^2$	3.175E-008	1	3.175E-008	25.97	25.97	
EMC_ CTE^2	3.175E-008	1	3.175E-008	0.26	0.6320	
Residual	6.111E-007	5	1.222E-007			
Cor Total	4.804E-004	14				

可以看出，采用的二阶回归方程是显著的。通过观察P值可以看出，分析的3个设计变量均为显著因子，这与田口正交实验设计方法得到的结果一致。同时还发现，芯片厚度与芯片长度之间存在显著的交互作用，芯片厚度与塑封料的热膨胀系数之间也存在显著的交互作用。芯片长度与塑封料的热膨胀系数之间存在交互作用，但交互作用的影响较弱。

对实验数据进行诊断分析，其中残差的正态分布图、残差与实验点预测值的分布状况图、预测值和真实值的分布状况图分别如图4-6、图4-7和图4-8所示。

从图 4－6 可以发现，残差的正态概率分布数据在同一条直线上。从图 4－7 可以发现，残差与实验点预测值呈随机分布。从图 4－8 可以发现，预测值和真实值在同一直线附近，这些现象都可以表明统计分析模型的准确性和可靠性。

由图 4－6、图 4－7 和图 4－8 可以判断，构造的响应曲面二阶模型具有良好的预测能力和拟合精度，保证了后续翘曲的优化设计的可行性和准确性。

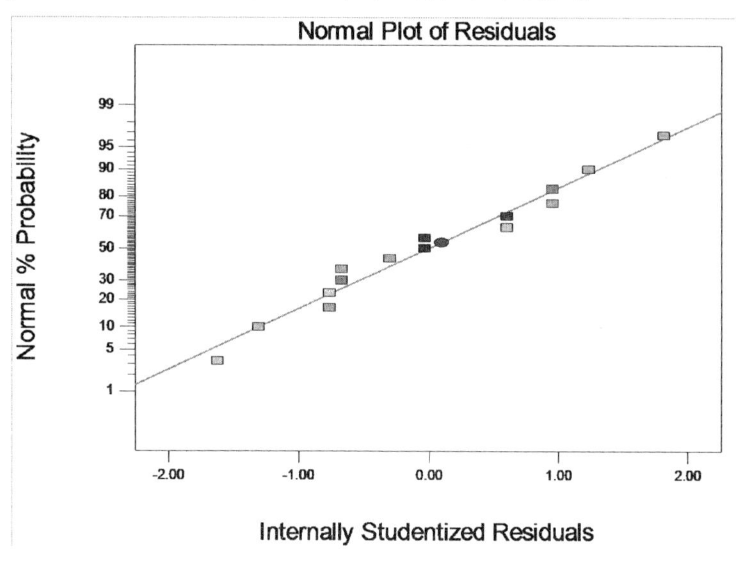

图 4－6　残差的正态分布图

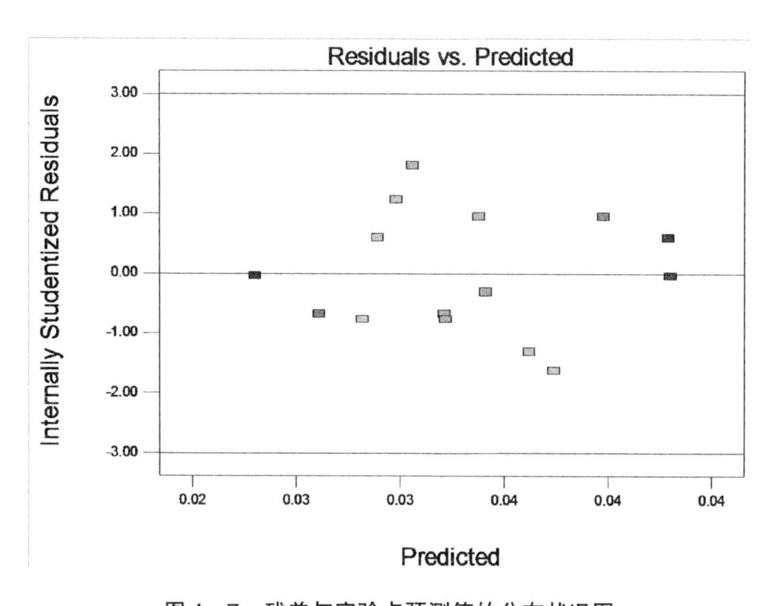

图 4－7　残差与实验点预测值的分布状况图

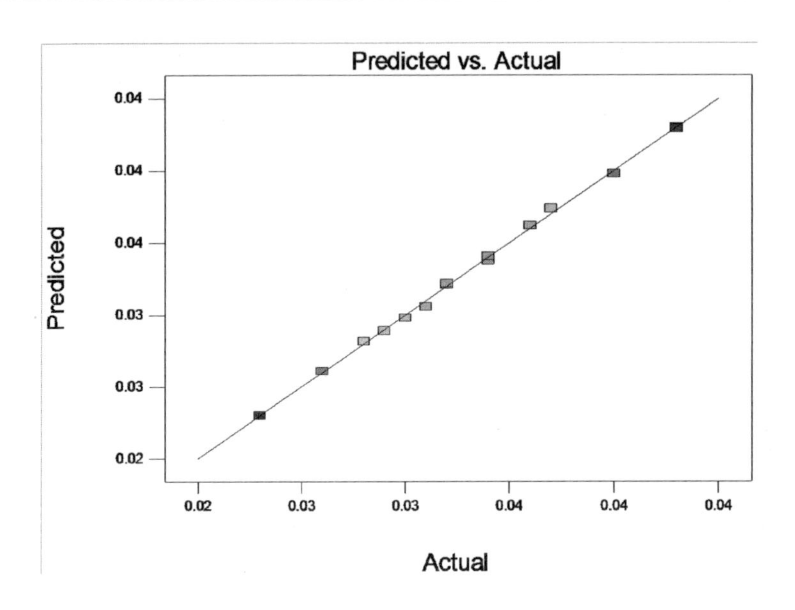

图 4－8　预测值与实验值的对比

芯片厚度与芯片长度之间交互作用对翘曲响应的等值线图和二阶响应曲面图如图 4－9 和图 4－10 所示。研究发现：芯片厚度越大、芯片长度越大或者越小，则封装的翘曲越小。

芯片厚度与塑封料的热膨胀系数之间交互作用对翘曲响应的等值线图和二阶响应曲面图如图 4－11 和图 4－12 所示。研究发现：芯片厚度越大、塑封料的热膨胀系数越小，则封装的翘曲越小。

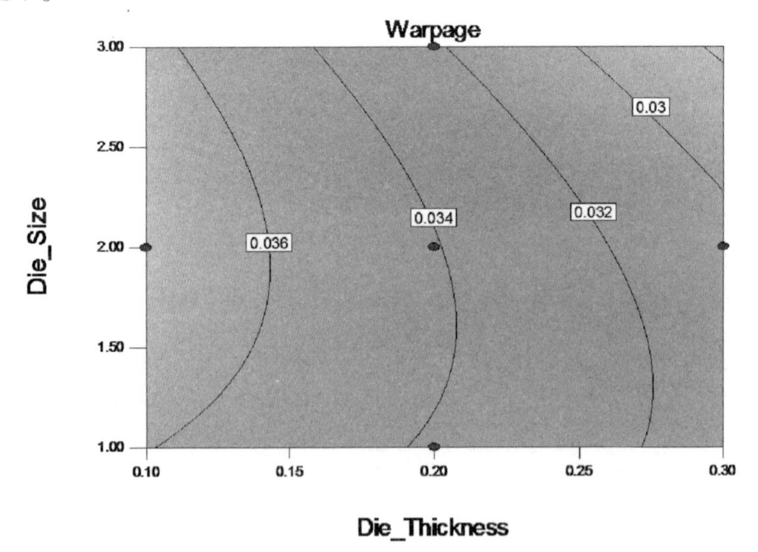

图 4－9　芯片厚度与芯片长度对翘曲影响的等值线图

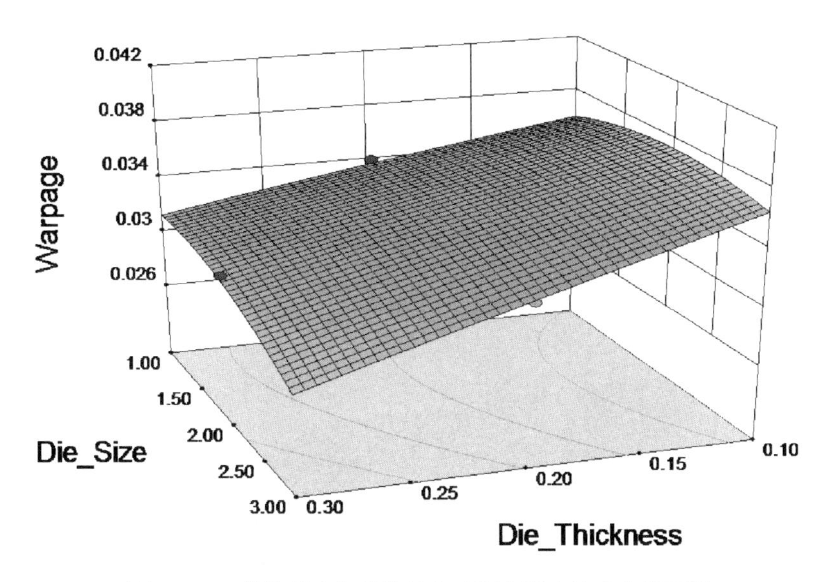

图 4－10　芯片厚度与芯片长度对翘曲影响的响应曲面图

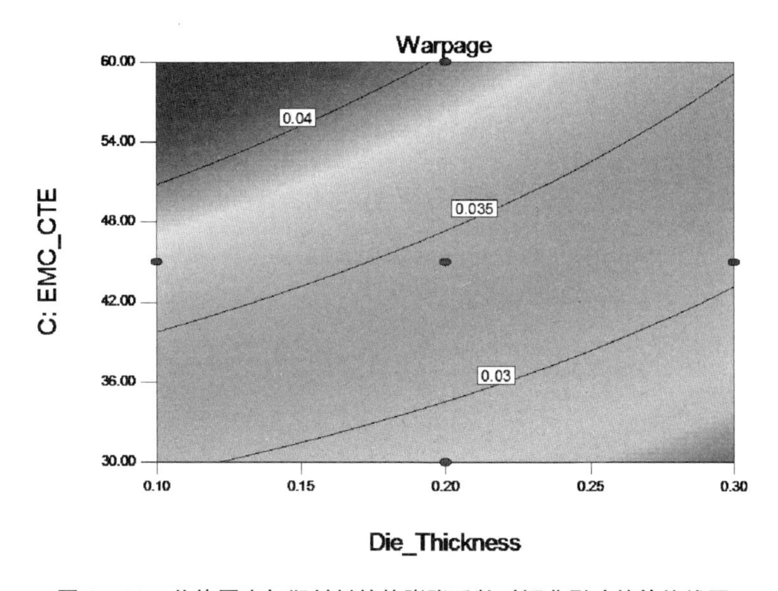

图 4－11　芯片厚度与塑封料的热膨胀系数对翘曲影响的等值线图

芯片长度与塑封料的热膨胀系数之间交互作用对翘曲响应的等值线图和二阶响应曲面图如图 4－13 和图 4－14 所示。研究发现：芯片长度越大或者越小、塑封料的热膨胀系数越小，则封装的翘曲越小。

由二阶回归方程进行封装翘曲的可靠性设计，得到最优设计，即当芯片厚度为 0.3 mm，芯片长度为 3 mm，塑封料的热膨胀系数为 30 $\times 10^{-6}$/℃时，VQFN68L 封装的翘曲为 0.023 mm。

在田口正交实验分析方法中，设计变量最优组合设计的封装翘曲为 0.018 mm。两种方法得到的翘曲存在差异的主要原因是，在响应曲面法中，除了芯片厚度、芯片长度和塑封料的热膨胀系数 3 个设计变量之外，其他结构参数和材料参数均采用初始设计情况下的值。

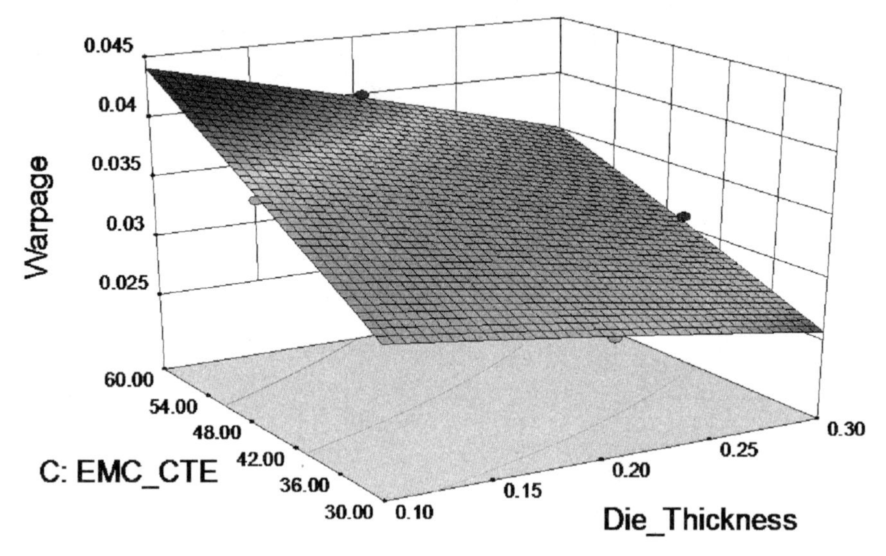

图 4 – 12　芯片厚度与塑封料的热膨胀系数对翘曲影响的响应曲面图

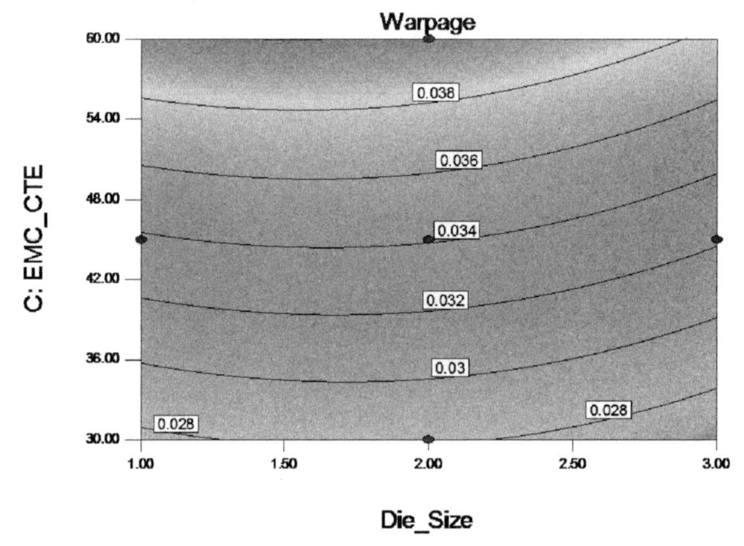

图 4 – 13　芯片长度与塑封料的热膨胀系数对翘曲影响的等值线图

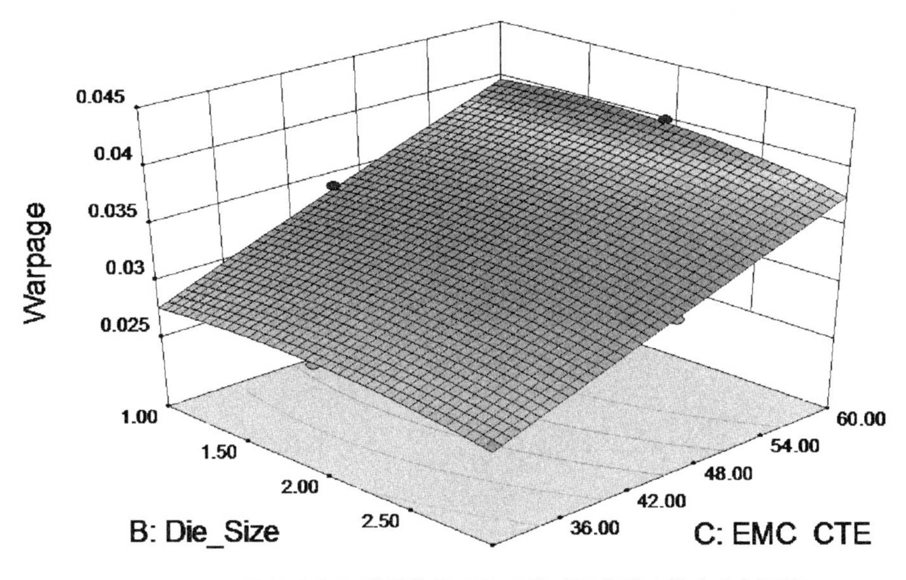

图4-14　芯片长度与塑封料的热膨胀系数对翘曲影响的响应曲面图

4.3　工艺过程仿真与工艺参数优化

4.3.1　多圈 QFN 封装条带的有限元模型

采用有限元数值模拟方法进行 VQFN68L 封装的工艺过程仿真研究，工艺过程如图4-15所示。仿真研究的主要封装工艺步骤依次为：塑封工艺，塑封工艺后冷却至室温，然后升温进行塑封后固化工艺，塑封后固化工艺完成后冷却至室温。在塑封工艺阶段，当塑封料的固化反应达到凝胶化状态时，塑封料由液态状转变为固态，材料具备了承载变形的能力。因此有限元仿真分析从凝胶化点开始，即将塑封料的凝胶化状态作为仿真分析的初始条件。选取第2~3章进行实验研究的塑封料 MC-A 作为包封材料。

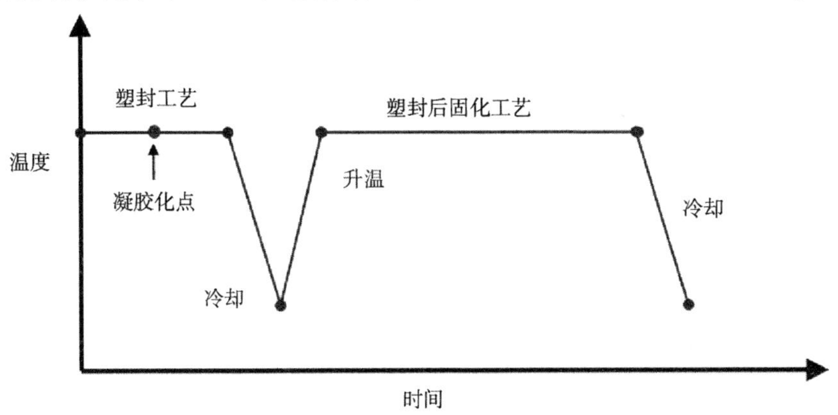

图4-15　封装工艺过程仿真分析

塑封工艺和塑封后固化工艺对整个封装条带进行加工，如图 1－9 中所示工艺步骤，镀锡工艺完成后进行切割工艺，即将封装条带进行切割以形成单个封装。因此本节的研究对象为封装条带，由于封装条带几何结构的对称性，采用有限元仿真软件 ANSYS 建立 VQFN68L 封装条带的三维 1/4 有限元模型，如图 4－16 所示，忽略了粘片胶的影响。整个模型均采用六面体实体单元进行网格划分，单元类型采用 SOLID185 单元。在有限元仿真分析中，塑封后固化工艺阶段不考虑压块的影响。

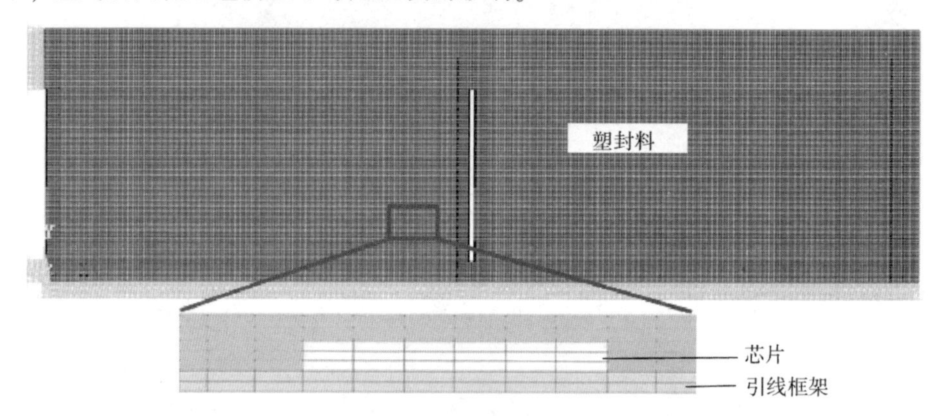

图 4－16　VQFN68L 封装条带的三维 1/4 有限元模型

芯片的弹性模量为 131000 MPa，热膨胀系数为 $2.8 \times 10^{-6}/℃$；引线框架的弹性模量为 117000 MPa，热膨胀系数为 $17.3 \times 10^{-6}/℃$。在塑封和后固化工艺中，塑封料发生显著的固化反应，而固化动力学模型用于描述固化反应过程。最适合用来描述塑封料固化反应过程的模型为 n 次级数与自催化结合复合反应模型，即 Kamal 模型。第 2 章研究了多圈 QFN 封装塑封料的固化反应过程，得到了 Kamal 模型的参数。在本章的工艺过程仿真研究中，塑封料类型采用第 2～3 章中进行实验研究的塑封料 MC-A，固化动力学模型选取如式（2－9）所示的 Kamal 模型。

在封装工艺过程中，塑封料将发生体积变化，如图 4－17 所示，点之间连线的箭头方向代表工艺流程。塑封料的体积变化来源于两方面：一方面来源于温度改变引起的膨胀或收缩；另一方面来源于固化反应引起的收缩，即固化收缩。

在图 4－17 中，点 1～3 之间的连线代表温度载荷由室温升至塑封温度，对应的体积变化来源于热膨胀。点 1～3 对应的温度分别为室温、未固化时的 T_g 温度、塑封温度。点 3～4 之间的连线代表塑封工艺阶段，该阶段温度载荷不变，对应的体积变化来源于固化收缩，固化反应达到凝胶化点后的固化收缩为有效固化收缩，当塑封料承受约束时由于有效固化收缩的影响将会产生应力和变形。点 4～6 之间的连线代表温度载荷由塑封温度降至室温，对应的体积变化来源于热收缩。点 4～6 对应的温度分别为塑封温度、部分固化时的 T_g 温度、室温。通过对比点 2 和点 5 对应的温度可以发现，部分固化时的 T_g 温度明显高于未固化时的 T_g 温度。点 6～8 对应的温度分别为室温、部分固化时的 T_g 温度、塑封温度，其中点 7 和点 8 分别与点 5 和点 4 重合，即认为在升/降温阶段忽略塑封料固化反应的影响。点8～9之间的连线代表塑封后固化工艺阶段，该阶段温度载荷不变，对应的体积变化来源于固化收缩，由于塑封料已达到凝胶化状态，因此对应的固化收缩为有效固化收缩。点9～11之间的连线代表温度载荷由塑封后固化工艺温度降至室温，对应的体积变化来源于热收缩。点9～11对应的温度分别为塑封温度、完全固化时的T_g温度和室温。通过对比点5和点10对应的温度可以发现，完全固化时的T_g温度高于部分固化时的T_g温度。

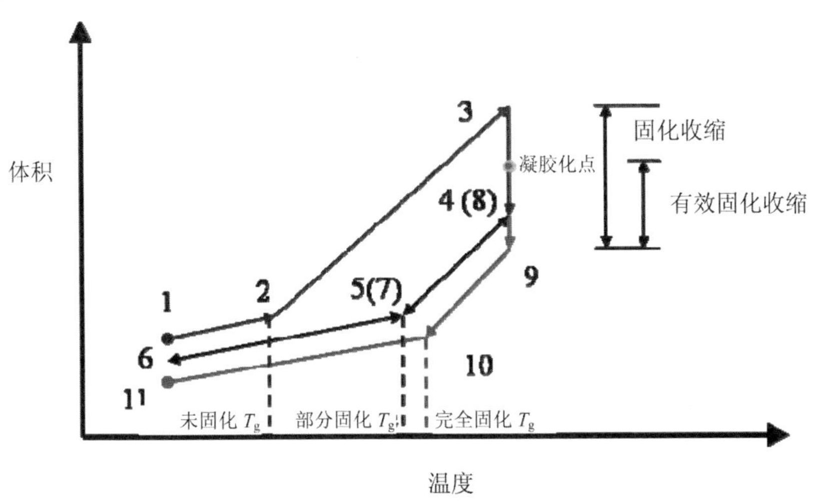

图4－17 封装工艺过程塑封料体积的变化

在图4－17中，升/降温阶段点之间连线的斜率为塑封料的热膨胀系数，可以看出，塑封料的热膨胀系数以T_g温度分为两部分，其中T_g温度以上的热膨胀系数明显大于T_g温度以下的热膨胀系数。升/降温阶段T_g温度以上的热膨胀系数相同，T_g温度以下的热膨胀系数也相同，即代表塑封料的固化反应不影响热膨胀系数，仅引起T_g温度的升高。塑封料的T_g温度与固化度的关系如式（4－6）所示。

$$T_g(\alpha) = T_{g0} + \frac{\lambda\alpha(T_{g1} - T_{g0})}{1 - (1 - \lambda)\alpha} \tag{4-6}$$

式中：T_{g0}和T_{g1}分别为未固化和完全固化时的T_g温度；λ为常数。式（4－6）中相关材料参数如表4－12所示。

表4－12 固化相关T_g温度的材料参数[104]

Parameter	Value
T_{g0}（℃）	12.5
T_{g1}（℃）	120
λ（－）	0.377

表 4-13　*P-C-V-T* 方程材料参数[26]

Parameter	Value
a_2	-4.753×10^{-7}
a_1	1.439×10^{-4}
a_0	-6.795×10^{-3}
b_2	-1.133×10^{-4}
b_1	3.119×10^{-2}
b_0	-1.449×10^{1}
c_2	2.927×10^{-6}
c_1	-9.239×10^{-4}
c_0	7.045×10^{-2}
d_2	-5.301×10^{-5}
d_1	2.305×10^{-2}
d_0	-1.442×10^{1}

在塑封工艺阶段，塑封料的固化收缩采用文献［26］提出的 *P-C-V-T* 方程进行描述，即描述塑封料的固化收缩与温度、压强和固化度相关的数学模型，如式（4-7）～式（4-13）所示。

$$VS(P,T,\alpha) = F_1(P,T)\cdot\alpha^{F_2(P,T)} \tag{4-7}$$

$$F_1(P,T) = f_a(T)P + f_b(T) \tag{4-8}$$

$$F_2(P,T) = f_c(T)P + f_d(T) \tag{4-9}$$

$$f_a(T) = a_2T^2 + a_1T + a_0 \tag{4-10}$$

$$f_b(T) = b_2T^2 + b_1T + b_0 \tag{4-11}$$

$$f_c(T) = c_2T^2 + c_1T + c_0 \tag{4-12}$$

$$f_d(T) = d_2T^2 + d_1T + d_0 \tag{4-13}$$

式中：$a_2\sim a_0$、$b_2\sim b_0$、$c_2\sim c_0$、$d_2\sim d_0$为材料参数；VS 为固化收缩；α 为固化度；P 为压强；T 为温度。*P-C-V-T* 方程中的材料参数如表 4-13 所示。

塑封料在凝胶化点前呈液态性质，不具备承载应力和变形的能力，此时产生的固化收缩对封装翘曲无影响。然而，当塑封料达到凝胶化点后，具备了承载应力和变形的能力，此时固化反应引起的固化收缩，即有效固化收缩将会引起封装翘曲。

在本研究中，塑封料凝胶化点时的固化度通过塑封料供应商获取，其值为 0.72。在塑封工艺阶段的有限元仿真分析中，仅将塑封料的有效固化收缩，即凝胶化点后的固化收缩作为体载荷施加给塑封料。分别按照式（4-7）计算凝胶化点后和凝胶化点时的固化收缩，相减得到凝胶化点后的有效固化收缩。在塑封后固化工艺阶段的有限元仿真分析中，认为凝胶化后的有效固化收缩与固化度呈线性关系。完全固化后塑封料的固化收缩通过向塑封料供应商获取，其值为 0.22%。

塑封工艺阶段塑封料的材料本构模型采用固化相关线弹性本构模型，即弹性模量与固化度呈线性关系，如式（3－15）所示。

升/降温工艺阶段塑封料的材料本构模型采用固化无关粘弹性本构模型，如式（3－1）所示。有限元仿真所需的松弛时间、剪切松弛系数和体积松弛系数如表 3－3 所示。时间－温度转换因子 a_T 采用 WLF 方程进行描述，如式（3－4）所示，相关参数如表 3－3 所示。

塑封后固化工艺阶段塑封料的材料本构模型采用固化相关粘弹性本构模型，即同时考虑时间、固化度和温度对材料本构模型的影响。类似时间－温度叠加原理，可得到时间－固化度等效因子 a_c，如式（4－14）所示[123]。

$$\log a_c = -3.9363 + 2.878 \times 10^{-9} \exp(21.0344 \times \alpha) \tag{4-14}$$

采用 ANSYS 重启动技术实现封装工艺过程的数值模拟。在一个工艺步骤仿真完成后，将该步骤得到的封装翘曲结果进行保存，作为下一工艺步骤仿真的初始条件。同时，在有限元模型中，塑封料的本构模型根据工艺步骤的不同进行更换。

4.3.2　工艺参数对封装条带翘曲的影响

采用基于有限元数值模拟方法进行多圈 QFN 封装工艺过程仿真，研究封装工艺参数对 VQFN68L 封装条带翘曲的影响，考虑的工艺参数分别为塑封温度、塑封压强、塑封时间、塑封后固化温度和塑封后固化时间共 5 个因子。在分析工艺参数对封装条带翘曲影响时，采用单一因子分析方法，即一次改变一个工艺参数，其他工艺参数保持不变，均采取水平 2 的值，如表 4－14 所示。

表 4－14　封装工艺过程的工艺参数及其水平

Process parameters	Levels		
	1	2	3
Molding temperature（℃）	160	175	190
Molding pressure（kgf/cm^2）	60	80	100
Molding time（s）	60	90	120
Post molding cure temperature（℃）	160	175	190
Post molding cure time（hrs）	1	2	4

不同塑封温度情况下，封装条带在封装工艺过程中的翘曲演化如图 4－18 所示。可以看到，塑封温度对工艺过程中封装条带的翘曲具有重要影响，塑封温度越高，最终封装条带翘曲越小。

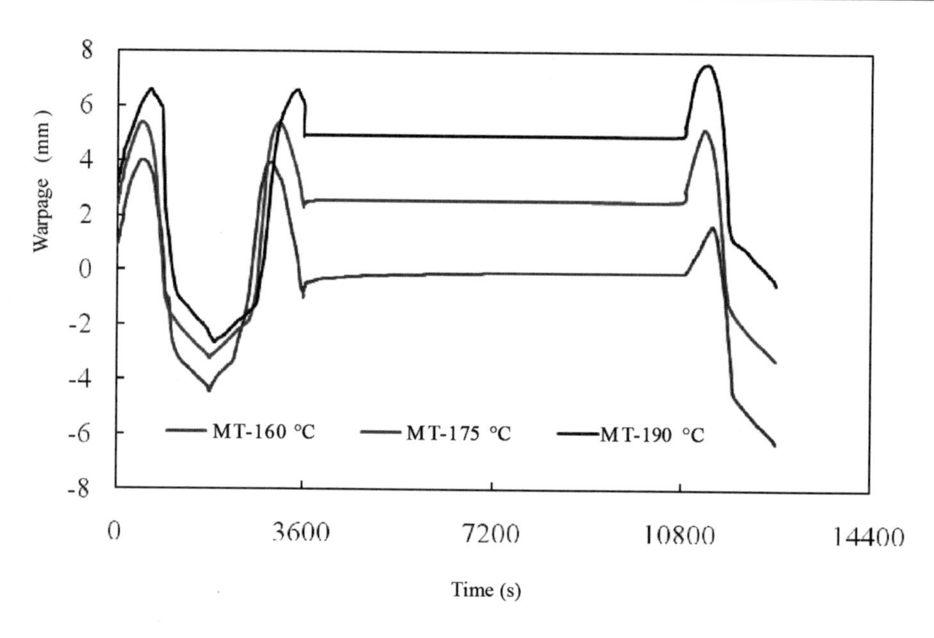

图 4－18　塑封温度对 VQFN68L 封装条带翘曲的影响

不同塑封压强情况下，封装条带在封装工艺过程中的翘曲演化如图 4－19 所示。塑封压强对封装条带翘曲具有影响，塑封压强在 60 kgf/cm^{2}和 100 kgf/cm^{2}情况下的翘曲大于在 80 kgf/cm^{2}情况下的翘曲。

不同塑封时间情况下，封装条带在封装工艺过程中的翘曲演化如图 4－20 所示。塑封时间对封装条带翘曲具有重要影响，塑封时间越短，翘曲越大，塑封时间在 90 s 和 120 s 情况下的翘曲值无明显变化。

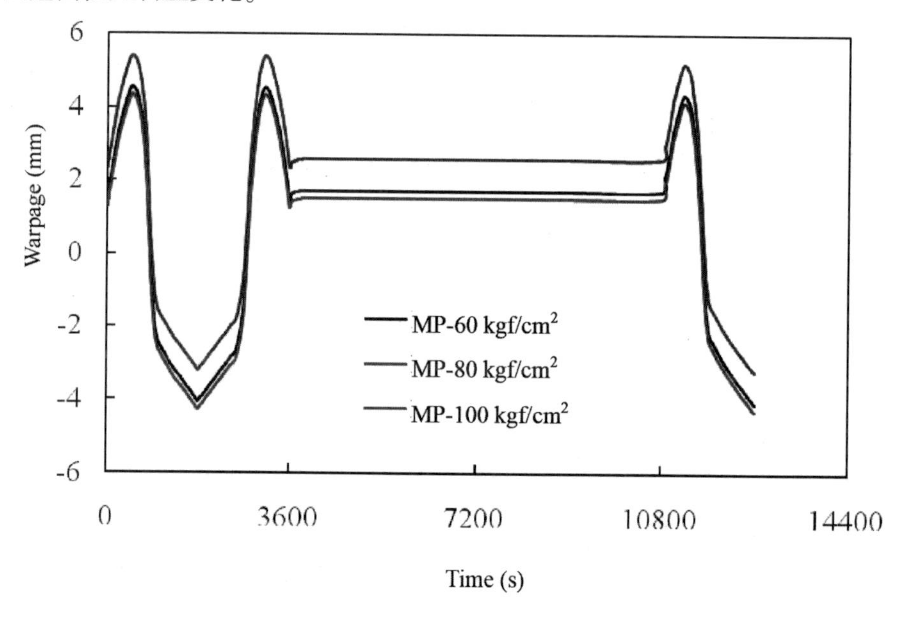

图 4－18　塑封温度对 VQFN68L 封装条带翘曲的影响

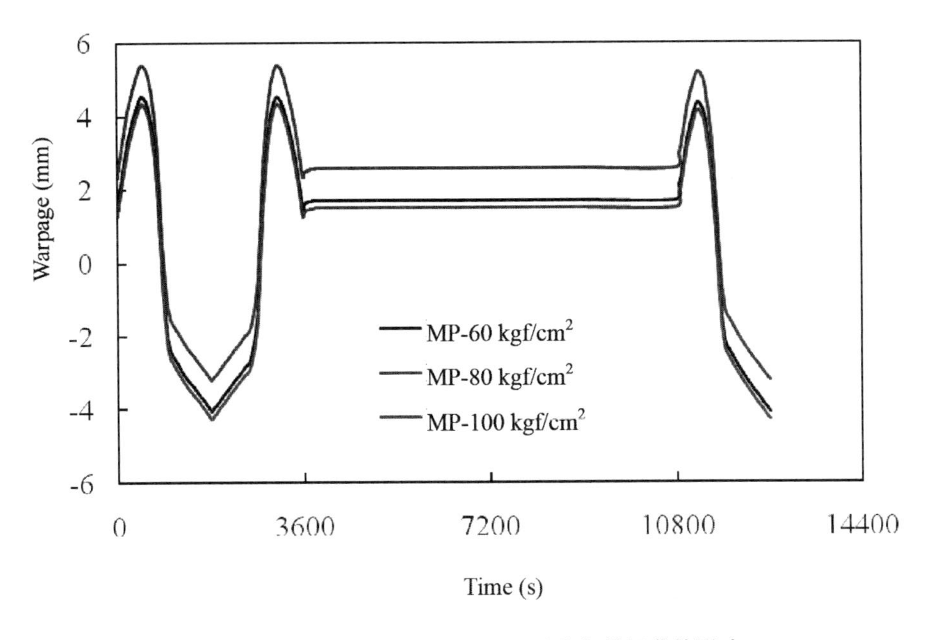

图 4 – 19　塑封压强对 VQFN68L 封装条带翘曲的影响

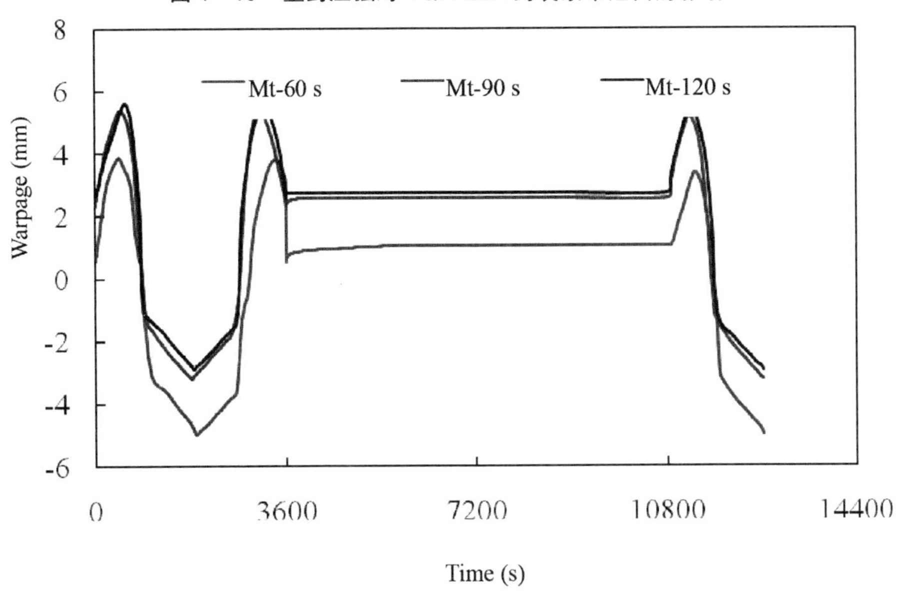

图 4 – 20　塑封时间对 VQFN68L 封装条带翘曲的影响

不同塑封后固化温度情况下，封装条带在封装工艺过程中的翘曲演化如图 4 – 21 所示。塑封后固化温度对封装条带翘曲具有重要影响，塑封后固化温度越高，翘曲越大。不同塑封后固化时间情况下，封装条带在封装工艺过程中的翘曲演化如图 4 – 22 所示。在塑封后固化工艺阶段，当塑封料达到完成固化状态前，翘曲有少量的增大，一旦塑封料达到完全固化状态，后固化时间将不再影响封装条带的翘曲。

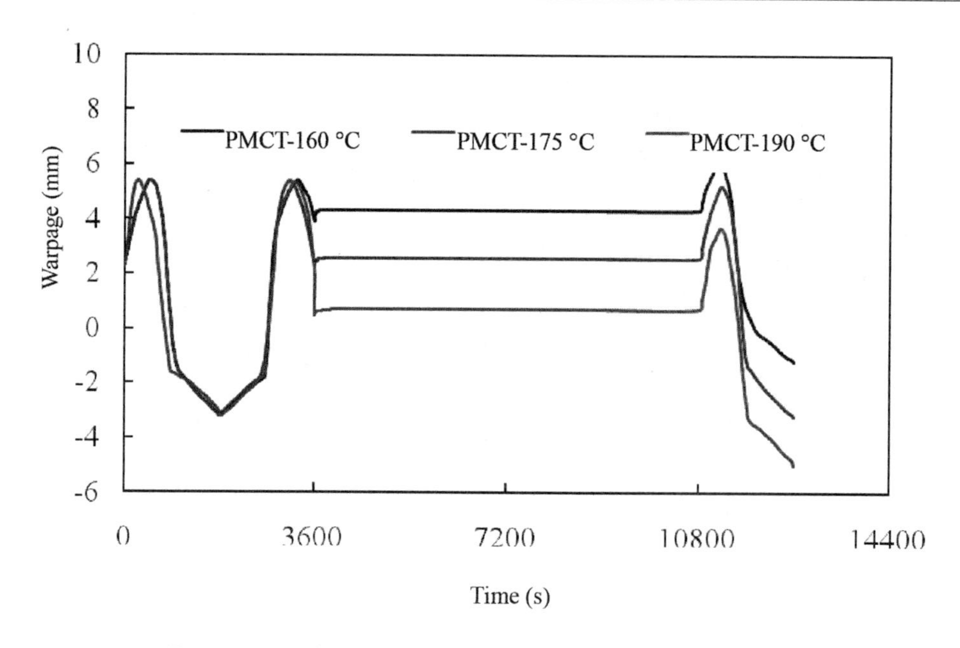

图 4－21　塑封后固化温度对 VQFN68L 封装条带翘曲的影响

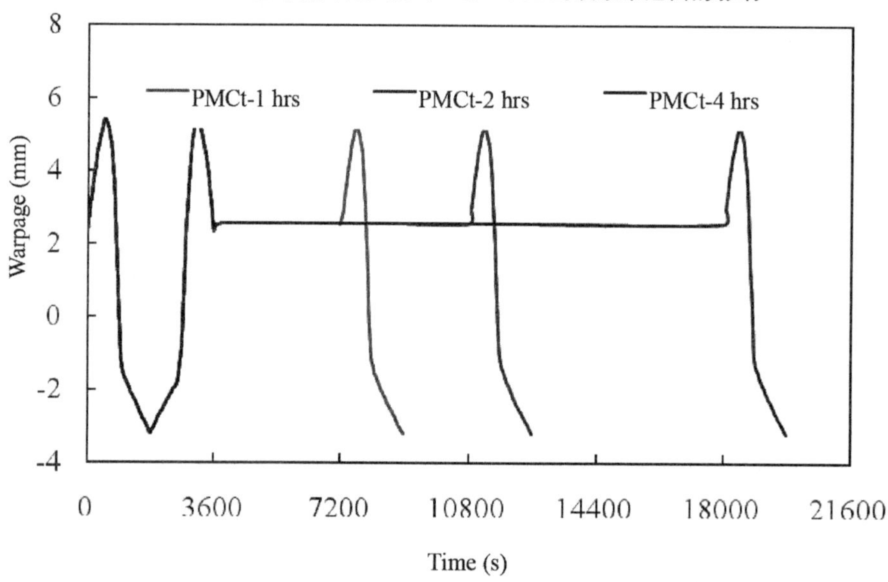

图 4－22　塑封后固化时间对 VQFN68L 封装条带翘曲的影响

4.4　多圈 QFN 与普通 QFN 封装的翘曲对比研究

采用铁木辛柯双层梁理论和有限元方法研究对比多圈 VQFN68L 封装与普通 QFN68L 封装分别在室温和回流焊温度状态下的翘曲变形。VQFN68L 与 QFN68L 封装结构如图 4－23 所示，VQFN68L 封装的尺寸为 7 mm × 7 mm × 0.75 mm，QFN68L 封装的尺寸为 8 mm × 8 mm × 0.75 mm，芯片尺寸均为 2.8 mm × 2.8 mm × 0.3 mm，粘片胶的厚度均为 0.02 mm。

图4-23 VQFN68L和QFN68L封装结构示意图

对于双层梁结构，在温度载荷作用下，由于材料间热膨胀系数的差异，将引起结构的翘曲变形，如图4-24所示。

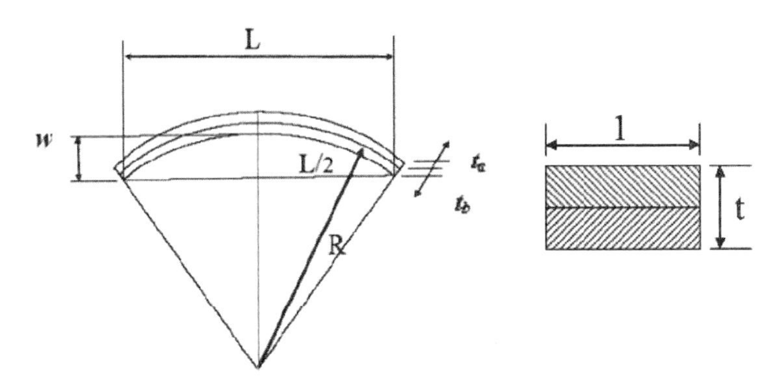

图4-24 在温度载荷作用下双层梁翘曲变形示意图

根据铁木辛柯双层梁理论［130］，翘曲量的计算表达式如下所示。

$$\omega = \frac{3(I+p)^2L^2(\alpha_b-\alpha_a)(T-T_0)}{4t\left[3(I+p)^2+(I+pq)\left(p^2+\frac{I}{pq}\right)\right]} \tag{4-15}$$

其中，ω为翘曲；$q=E_a/E_b$，E_a和E_b材料的弹性模量$p=t_a/t_b$，t_a和t_b分别为两种材料的厚度；$t=t_a+t_b$，α_a是α_b分别为两种材料的热膨胀系数。

为了能采用铁木辛柯双层梁理论计算封装的翘曲，将封装简化为如图4-25所示的分析模型，其中忽略了引脚和粘片胶的影响。

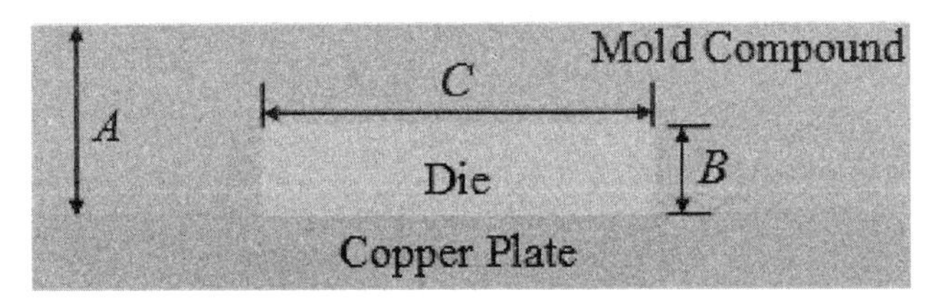

图4-25 封装的铁木辛柯双层梁理论分析模型

将塑封料和芯片等效为一种复合材料，其中弹性模量和热膨胀系数的等效公式如式（4－16）所示

$$m_{eff} = m_m c_m + m_d c_d \qquad (4-16)$$

其中，m_{eff}为复合材料的弹性模量或者热膨胀系数；c 是材料的体积分数；m 为复合材料的弹性模量或者热膨胀系数；下标 m 和 d 分别代表塑封料和芯片。

采用有限元仿真软件 ANSYS 分别建立 VQFN68L 和 QFN68 封装的三维 1/4 有限元模型，其中包括塑封料、芯片、粘片胶、芯片载体和引脚共五部分，采用六面体单元进行划分，单元类型采用 Solid185 单元。

采用铁木辛柯双层梁理论和有限元方法计算得到的 VQFN68L 和 QFN68L 封装在室温和回流焊温度状态下的翘曲如图 4－26 所示。

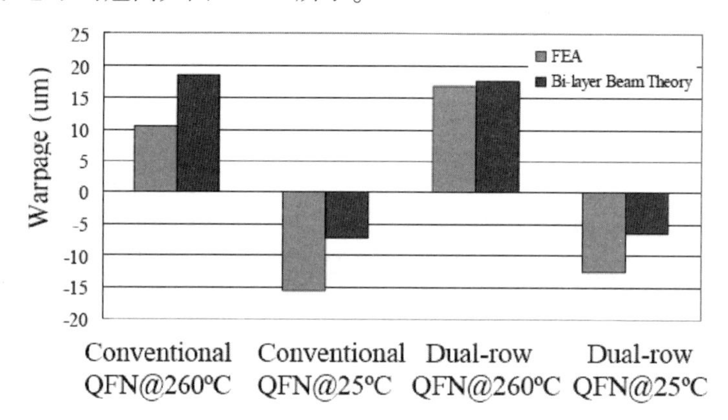

图 4－26　VQFN68L 和 QFN68L 封装在室温和回流焊温度状态下的翘曲

研究对比发现，在回流焊温度状态下 VQFN68L 和 QFN68L 封装的翘曲均为正，在室温状态下翘曲均为负，理论分析结果与有限元计算结果基本吻合。

4.5　基板上芯烘烤工艺翘曲的实验与有限元研究

采用有限元仿真和翘曲测量实验相结合的方法研究基板在上芯烘烤工艺阶段的翘曲。首先对基板进行翘曲测量实验，共对 4 条基板在不同工艺步骤下进行翘曲测量，每条基板共测量 15 个点，具体取点位置如图 4－27 所示。

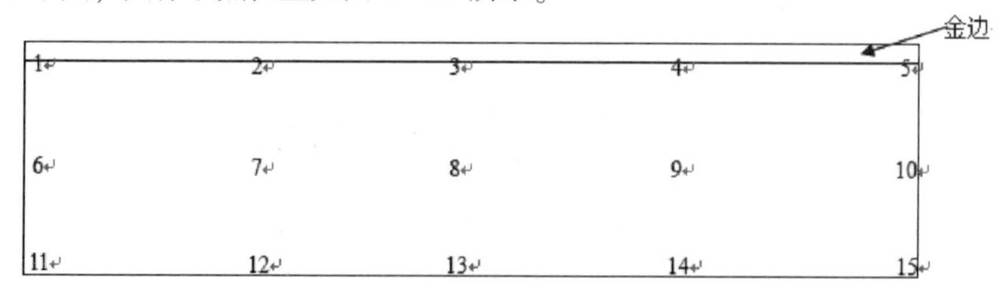

图 4－27　基板翘曲测量取点位置示意图

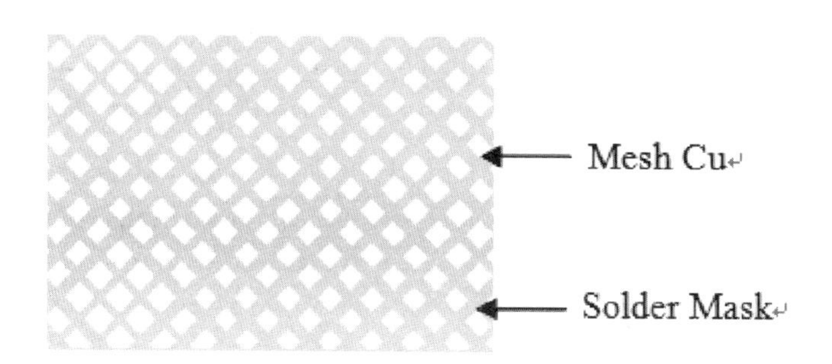

图4－28　Mesh Cu 类型的金边结构示意图

旧设计基板试样2条，分别标记为 A 和 B，金边模式均为 Flat Cu，即整个金边由 Cu 填充。新设计基板试样2条，分别标记为 C 和 D，金边模式为 Mesh Cu，即整个金边由网格 Cu 和 Solder Mask 按照一定规则进行填充，其中 Cu 的含量为20%，Solder Mask 的含量为80%，如图4－28所示。

各工艺步下基板的翘曲统计结果如图4－29所示，进料后续工艺过程中翘曲增大，新/旧设计基板翘曲结果发散，无统计规律。

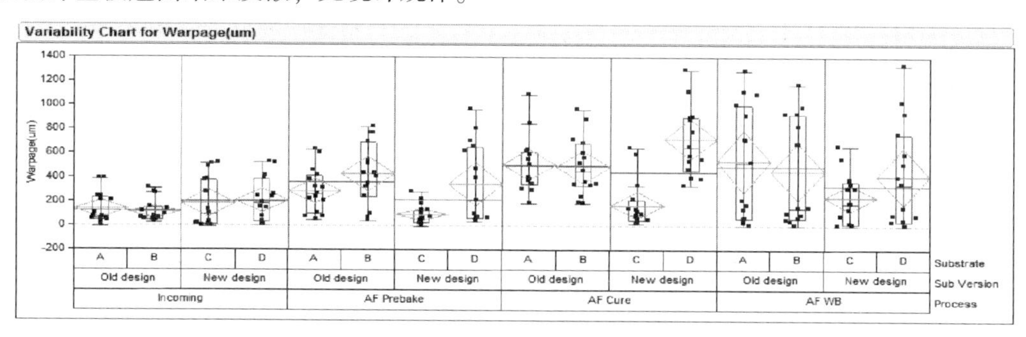

图4－29　各工艺步骤下 基板翘曲实验测量结果统计

采用有限元方法分析基板在上芯烘烤工艺阶段的翘曲变形，重点研究基板金边结构，即 Mesh Cu 含量变化对翘曲的影响，并与实验测量结果进行对比分析。

由于几何结构的对称性，基板在上芯后的1/4有限元模型以及基板的详细结构如图4－30所示，整个模型均采用六面体单元网格划分，单元类型采用 Solid185 单元。有限元模型中所有材料均设定为线弹性，采用的材料参数如表4－15所示。

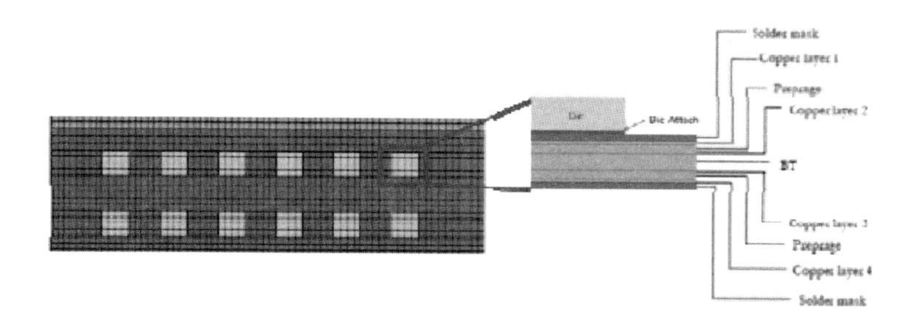

图4－30　基板上芯烘烤工艺翘曲研究的1/4有限元模型

表4－15　基板上芯烘烤工艺翘曲研究的材料参数表

材料	Tg（℃）	α_1（ppm/℃）	α_2（ppm/℃）	E（GPa）
粘片胶	42	48	140	1.2
Solder Mask	104	50	140	24.0
Metal Layer	－－	17.3		117
Preprage Layer	－－	21		28
Core Layer	－－	14		28
芯片	－－	2.7		131

由于 Mesh Cu 类型基板的金边为 Mesh Cu/Solder Mask 复合模式，在有限元模型中将该复合金边等效为一层复合材料，等效方法与式（4－16）所示相似，即

$$m_{eff} = m_c c_c + m_S c_S \tag{4-17}$$

其中，m_{eff}为复合材料的弹性模量或者热膨胀系数；c 是材料的体积分数；m 为复合材料的弹性模量或者热膨胀系数；下标 c 和 s 分别代表 Cu 和 Solder Mask。

在三维 1/4 有限元模型的对称面上施加对称约束，其余表面均设为自由表面，将整体模型的底部中心点设为固定点，以消除刚体位移。

设置整个有限元模型的无应力无变形状态，即初始条件时的温度为 175℃。对整个模型施加 25℃ 温度载荷研究基板在室温状态下的翘曲。

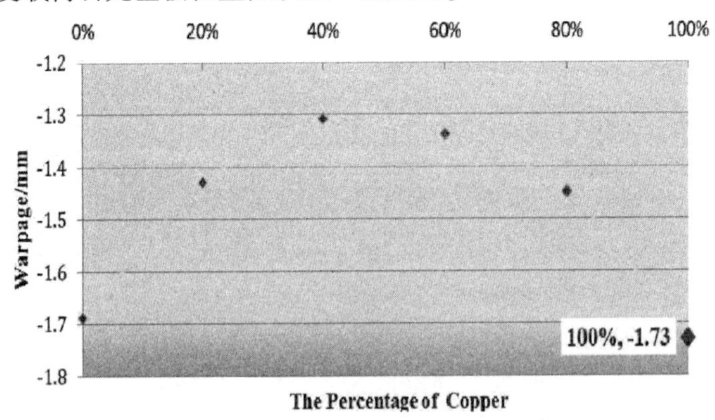

图4－31　Mesh Cu 含量对基板翘曲的影响

图4－31 为不同 Mesh Cu 含量情况下基板的翘曲有限元仿真结果，图中蓝点对应的是旧设计情况下的翘曲。可以看出，随着 Mesh Cu 含量的降低，翘曲有所减小，当 Mesh Cu 含量小于 40% 时，翘曲逐渐增大，即翘曲随着 Mesh Cu 含量的降低呈先减少后增大的趋势。可见，适当的 Mesh Cu 含量可改善翘曲。

基板翘曲的实验测量结果与有限元分析结果如表4－16 所示。研究发现，实验测量结果与有限元分析结果趋势相反，新设计基板的翘曲实验测量结果大于旧设计情况下的翘曲，新设计基板的翘曲有限元结果小于旧设计情况下的翘曲。该结果的主要原因为实验测

量基板试样太少，测得的结果无统计意义，因此需要更多的实验测量数据进行验证。

表 4－16　新、旧设计 基板翘曲的实验和有限元结果（单位：mm）

	旧设计	新设计
实验测量结果	1.09	1.29
有限元分析结果	1.73	1.45

4.6　本章小结

本章主要采用基于数值模拟的田口正交实验设计方法研究了封装结构参数和材料参数对多圈 QFN 封装翘曲的影响。研究发现芯片厚度、芯片长度和塑封料的热膨胀系数是影响翘曲的显著设计变量，并得到了设计变量的最优组合设计。采用响应曲面法研究了封装翘曲的预测模型，进行了翘曲的优化设计，得到了用于预测翘曲的二阶回归方程。

基于多次重启动技术，实现了多圈 QFN 封装工艺过程的数值模拟，塑封料的本构模型根据工艺步骤的不同进行更换。研究了塑封温度、塑封时间、塑封压强、塑封料后固化温度和塑封料后固化时间等封装工艺参数对多圈 QFN 封装条带翘曲的影响。研究发现：塑封温度越高，封装条带翘曲越小；塑封压强过大或过小都将增大封装条带的翘曲，适当的塑封压强可减小封装条带翘曲；塑封时间越长，封装条带翘曲越小；塑封后固化温度越高，封装条带翘曲越大；塑封后固化时间应保证塑封料达到完全固化，过长的塑封后固化时间对封装条带翘曲无明显影响。

第5章　多圈 QFN 封装塑封料/芯片载体界面分层与优化设计

5.1　引　言

电子封装结构具有明显的多材料和多界面特征，异种材料之间材料属性（例如热膨胀系数和弹性模量）的不匹配和结构的不连续性导致在温度载荷作用下材料界面之间极易发生分层失效，破坏封装的结构完整性，甚至导致整个封装的功能失效。随着电子封装结构日趋复杂，界面分层可靠性问题日益严重。对于 QFN 封装，塑封料/芯片载体界面分层失效现象尤为严重，特别是在回流焊可靠性实验中发生的分层现象最为常见。引起分层的原因主要有两个方面：一方面为在高温载荷下，界面应力水平高；另一方面为在高温载荷下塑封料与芯片载体界面的结合强度低。

本章首先采用推晶实验测量塑封料与芯片载体的界面结合强度，研究温度载荷、塑封料类型和芯片载体类型（有/无镀银层）对界面结合强度的影响。采用数值模拟方法研究回流焊温度下塑封料与芯片载体的界面应力，并根据回流焊可靠性实验结果，建立多圈 QFN 封装界面可靠性评价方法和塑封料/芯片载体界面分层失效准则。采用基于数值模拟的析因实验设计研究结构参数和材料参数对界面分层的影响。采用响应曲面方法得到界面分层的预测模型，并进行优化设计。

5.2　塑封料/芯片载体界面结合强度实验研究

采用推晶实验测量塑封料/芯片载体界面在不同温度环境下的结合强度，推晶实验示意图如图 5 – 1 所示。

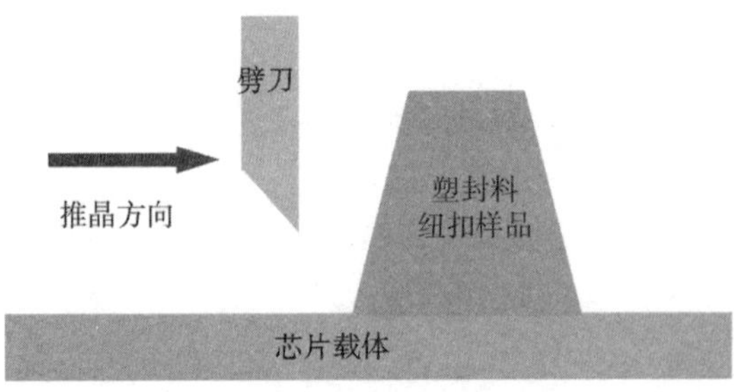

图 5 – 1　推晶实验示意图

芯片载体的类型有两种，分别为 Cu 芯片载体和全镀 Ag 芯片载体。塑封料的类型也有两种，分别为第 2～3 章中进行实验研究的塑封料 MC-A 和 MC-B。

首先进行实验样品的制作，在塑封工艺中，采用转移成型技术，将塑封料 MC-A 和 MC-B 塑封至不同类型的芯片载体上，形成塑封料的纽扣样品。塑封工艺温度选择 175℃，塑封时间为 120 s。塑封料纽扣样品为无尖圆锥体形状，上、下表面的直径分别为 2.8 mm 和 3.6 mm，高度为 4.0 mm，如图 5－2 所示。塑封工艺完成后，进行塑封后固化工艺，将所有样品置于 175℃的烘箱中进行烘烤，塑封后固化工艺时间为 4 hrs。塑封后固化工艺完成后，在不同温度环境下进行推晶实验。

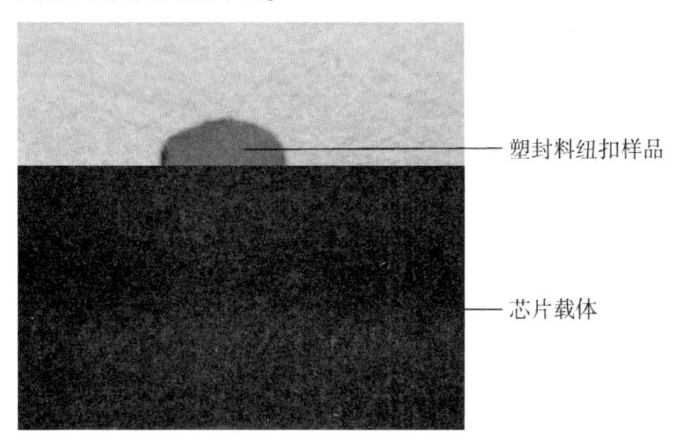

图 5－2　推晶实验的塑封料纽扣样品

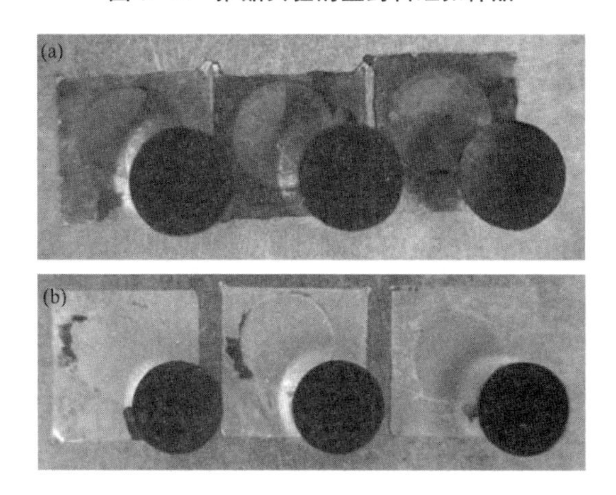

图 5－3　塑封料/芯片载体界面的破坏模式

（a）塑封料/Cu 芯片载体　（b）塑封料/镀 Ag 芯片载体

由于推晶实验中选用了两种塑封料和两种芯片载体，因此共有四种不同组合情况下的推晶实验。分别测量各种组合情况下的塑封料/芯片载体界面在室温 25℃、塑封温度 175℃和回流焊温度 260℃时的结合强度。为了消除实验误差的影响，每种组合进行三次推晶实验，然后对每次实验测得的界面强度进行平均。

通过推晶实验发现，无论在室温、塑封温度还是回流焊温度下，Cu 芯片载体和全镀

Ag 芯片载体与塑封料的界面破坏模式均为裂纹沿着界面扩展，芯片载体上无塑封料残留，如图 5－3 所示。

测得的界面结合强度如表 5－1 和图 5－4 所示。通过推晶实验发现：温度对塑封料/芯片载体界面的结合强度影响显著，温度越高，界面结合强度越低；芯片载体类型对界面结合强度的影响也十分显著，塑封料/Cu 芯片载体界面的结合强度明显大于塑封料/全镀 Ag 芯片载体界面的结合强度；塑封料类型对于界面结合强度也具有一定影响，MC-A/芯片载体界面的结合强度略大于 MC-B/芯片载体界面的结合强度。

表 5－1　塑封料/芯片载体的界面结合强度（单位：MPa）

EMC Type	Cu die pad			Silver plated Cu die pad		
	25℃	175℃	260℃	25℃	175℃	260℃
MC-A	12. 7	2. 3	1. 2	4. 5	0. 7	0. 4
MC-B	11. 5	1. 9	1. 1	4. 2	0. 7	0. 3

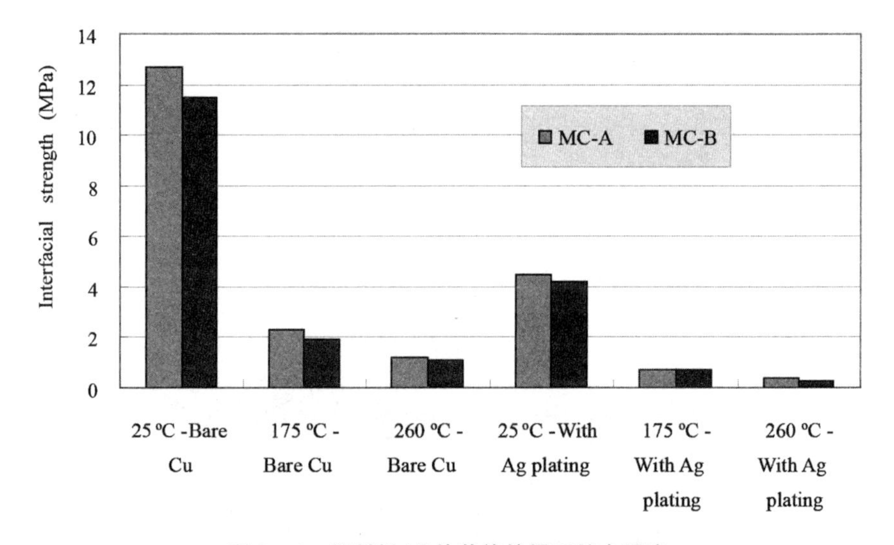

图 5－4　塑封料/芯片载体的界面结合强度

5.3　塑封料/芯片载体界面分层的失效模式

在塑封料/芯片载体界面分层的回流焊实验研究中，分别选取采用塑封料 MC-A 和 MC-B 包封的 QFN 封装样品各 45 颗，所有 QFN 封装样品的芯片载体均采用 Cu 芯片载体。QFN 封装样品的尺寸为 4 mm × 4 mm × 0. 75 mm，芯片的尺寸为 1. 6 mm × 1. 6 mm × 0. 21 mm，芯片载体的尺寸为 2. 8 mm × 2. 8 mm × 0. 2 mm，塑封料/芯片载体界面的长度为 0. 6 mm。

首先，对所有 QFN 封装样品进行超声波扫描，以确保在回流焊实验前无塑封料/芯片载体界面分层，扫描后发现所有样品均无塑封料/芯片载体界面分层现象发生。然后进行 JEDEC MSL-3（30℃/60% RH/192 hrs）吸湿实验。然后，进行 3 次回流焊实验，回流焊温度为 260℃。最后，对回流焊实验后的所有 QFN 封装样品再次进行超声波扫描。

回流焊实验后通过超声波扫描发现，采用塑封料 MC-A 包封的 QFN 封装样品无塑封料/芯片载体界面分层现象发生，而采用塑封料 MC-B 包封的 45 颗 QFN 封装样品中有 5 颗发生塑封料/芯片载体界面分层现象，如图 5－5 所示。

通过观察采用塑封料 MC-B 包封的 QFN 封装的塑封料/芯片载体界面裂纹扩展方向，发现界面裂纹分别萌生于粘片胶的角点和芯片载体的边缘位置，并向塑封料/芯片载体界面内部扩展，直至裂纹贯穿整个界面。

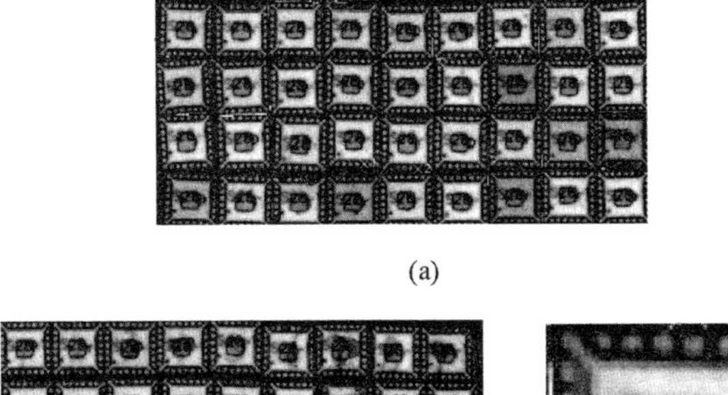

(a)

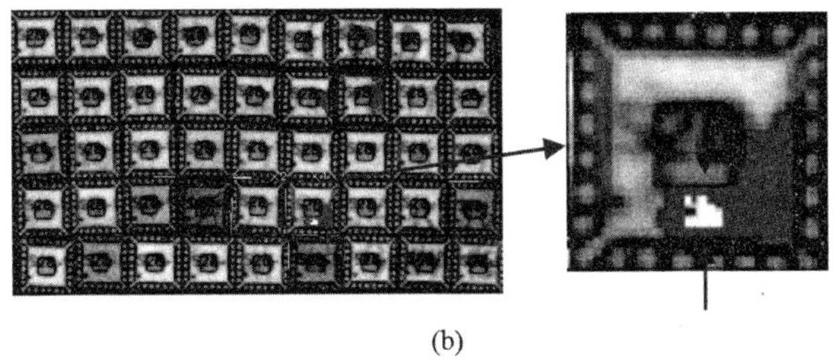

(b)

图 5－5　塑封料/芯片载体界面分层的超声波扫描

（a）采用塑封料 MC-A 包封的 QFN 封装　（b）采用塑封料 MC-B 包封的 QFN 封装

5.4　塑封料/芯片载体界面分层的有限元分析

由于 QFN 封装几何结构的对称性，采用有限元仿真软件 ANSYS 建立对称的二维平面应变有限元模型，其中包括塑封料、芯片、粘片胶和芯片载体共四部分，忽略了引脚和键合引线的影响。

在回流焊温度 260℃载荷下，异种材料之间由于热失配引起的界面应力较大，然而塑封料/芯片载体的界面结合强度较低，极易发生界面分层现象。因此重点研究采用不同塑封料包封的 QFN 封装，在回流焊温度状态下沿塑封料/芯片载体界面的应力分布情况。

QFN 封装塑封料/芯片载体界面分层的分析模型如图 5－6 所示，其中图 5－6（a）为物理模型，图 5－6（b）为有限元模型。

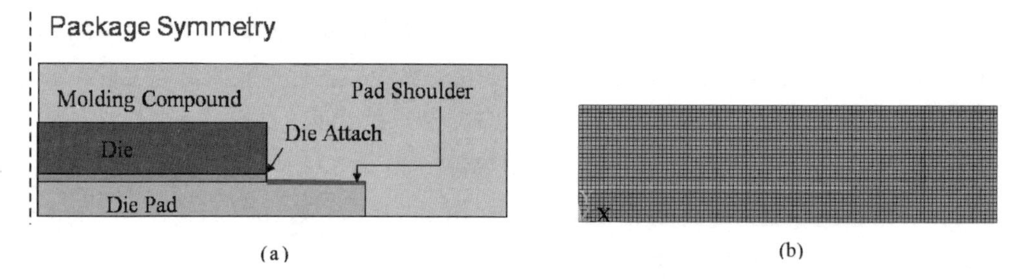

(a) (b)

图 5 -6 QFN 封装塑封料/芯片载体界面分层的分析模型

(a) 物理模型 (b) 有限元模型

在有限元模型的对称面上施加对称约束，设定参考温度为塑封温度 175℃。有限元模型中所有材料均设定为线弹性材料，材料参数如表 5 -2 所示。塑封料 MC-A 和 MC-B 的弹性模量 E 和 T_g 温度通过第 3 章中拉伸模式 DMA 实验获得，热膨胀系数来自塑封料供应商提供的数据。

表 5 -2 塑封料/芯片载体的界面分层有限元分析的材料参数（单位：MPa）

Material	E (MPa)		T_g (℃)	α_1 (10^{-6}/℃)	α_2 (10^{-6}/℃)
	25℃	260℃			
MC-A	24000	500	120	9	33
MC-B	27000	1150	125	7	31
Die attach	3000	150	53	80	135
Die pad	117000		-	17.3	-
Die	131000		-	2.8	-

回流焊温度状态下沿塑封料/芯片载体界面的应力分布有限元结果如图 5 -7 所示，其中横坐标 0 点位置对应为粘片胶的角点位置，横坐标 0.6 点位置对应为芯片载体的边缘位置。

有限元分析发现，在粘片胶的角点位置（Base of die attach）和芯片载体的边缘位置（Edge of die pad）附近的应力水平远高于其他界面区域的应力水平，说明界面裂纹极易在这两个位置附近萌生，这与回流焊实验后超声波扫描观察到的界面裂纹扩展模式一致。通过对比界面剥离应力（Peeling stress）和剪切应力（Shear stress）发现，沿界面的剪切应力水平明显大于剥离应力水平，即沿塑封料/芯片载体界面的剪切应力占据主导位置。

通过对比不同塑封料情况下的应力水平发现，采用塑封料 MC-A 包封的 QFN 封装沿界面应力水平明显小于采用塑封料 MC-B 包封情况下的界面应力水平，而且从推晶实验发现 MC-A/芯片载体界面的结合强度略大于 MC-B/芯片载体界面的结合强度，说明采用塑封料 MC-B 包封的 QFN 封装更易发生界面分层现象，这与回流焊实验后超声波扫描实验结果一致。

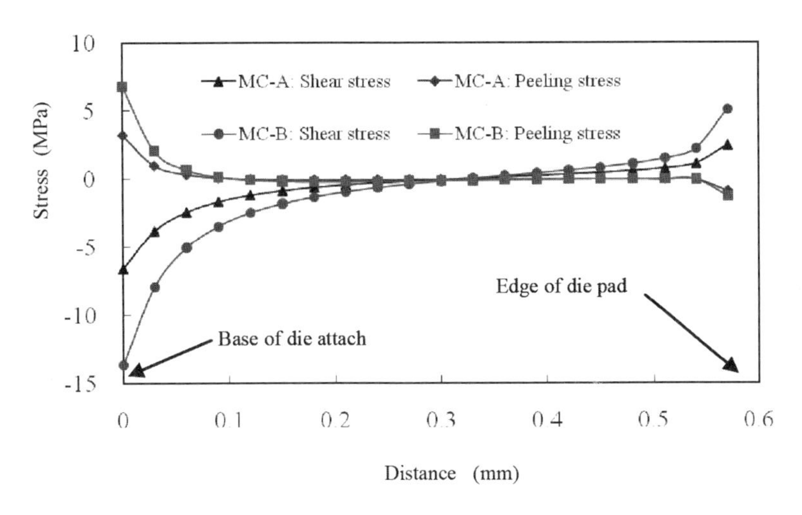

图 5 -7 沿塑封料/芯片载体界面的应力分布

5.5 塑封料/芯片载体界面分层失效准则

结合在回流焊温度环境下的界面强度测量结果与界面剪切应力有限元分析结果，定义分层因子 K 描述界面处任意位置的可靠性程度，如式（5 -1）所示。

$$K = |S_{xy}/S_{adh}| \tag{5-1}$$

式中，S_{xy}为界面处相应位置的界面剪切应力；S_{adh}为在回流焊温度环境下的界面结合强度。K 值越大，界面处相应位置的分层风险越大。当 K 值小于等于 1 时，无界面分层发生，对应的界面长度称之为安全长度（Safety length），定义为 L_s。当 K 值大于 1 时，界面相应位置发生分层，对应的界面长度称之为分层风险长度（Delamination risk length），定义为 L_d。安全长度 L_s与分层风险长度 L_d之和为塑封料/芯片载体界面长度，定义为 L_t。

对于回流焊实验中采用 Cu 芯片载体的 QFN 封装，在不同塑封料包封情况下沿界面的分层因子 K 和界面的安全长度 L_s如图 5 -8 所示。研究图 5 -8 可以发现，沿塑封料/芯片载体界面的分层因子 K 值在靠近粘片胶的角点位置和芯片载体的边缘位置附近较大，且远大于 1。在界面内部区域 K 值小于 1，即该界面区域长度为安全长度 L_s。分层风险长度 L_d为塑封料/芯片载体界面长度 L_t与安全长度 L_s之差。通过对比不同塑封料类型情况发现，采用 MC-B 包封情况的 L_d大于采用 MC-A 包封情况的 L_d，而且在 L_d内相同界面位置处的 K 值也更大，说明相比 MC-A，采用 MC-B 包封的 QFN 封装更容易发生塑封料/芯片载体界面分层。

采用镀 Ag 芯片载体的 QFN 封装，由于芯片载体上 Ag 镀层的存在，可显著改善引线键合质量。常用的镀 Ag 芯片载体类型主要有全镀 Ag 芯片载体，即在整个芯片载体上镀 Ag 层，还有一种为部分镀 Ag 芯片载体，即仅在靠近芯片载体边缘区域，即第二焊点区域镀 Ag 层。

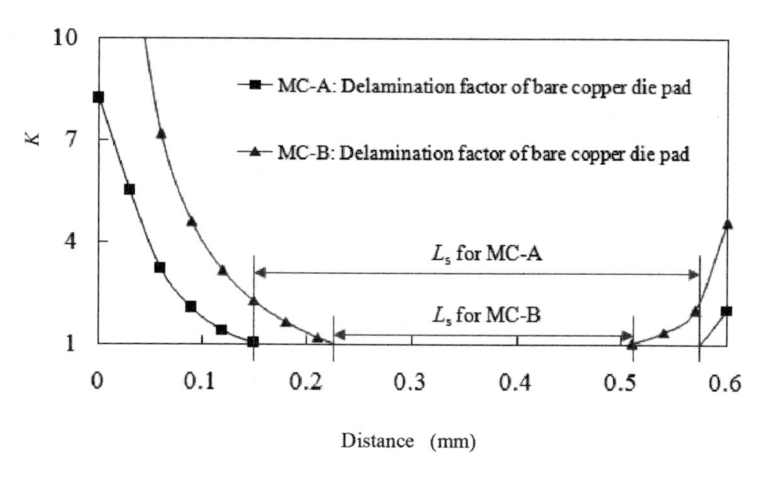

图 5-8　塑封料/Cu 芯片载体界面的分层因子 K 和安全长度 L_s

对于采用全镀 Ag 芯片载体的 QFN 封装，在不同塑封料包封情况下沿界面的分层因子 K 值和界面的安全长度 L_s 如图 5-9 所示。沿塑封料/芯片载体界面的分层因子 K 值在靠近粘片胶的角点位置和芯片载体的边缘位置附近较大，且远大于 1，而且 L_d 明显大于 L_s。通过对比不同塑封料类型情况发现，采用 MC-B 包封情况的 L_d 大于采用 MC-A 包封情况的 L_d，而且在 L_d 内相同界面位置处的 K 值也更大，说明相比 MC-A，采用 MC-B 包封的 QFN 封装更容易发生塑封料/芯片载体界面分层。

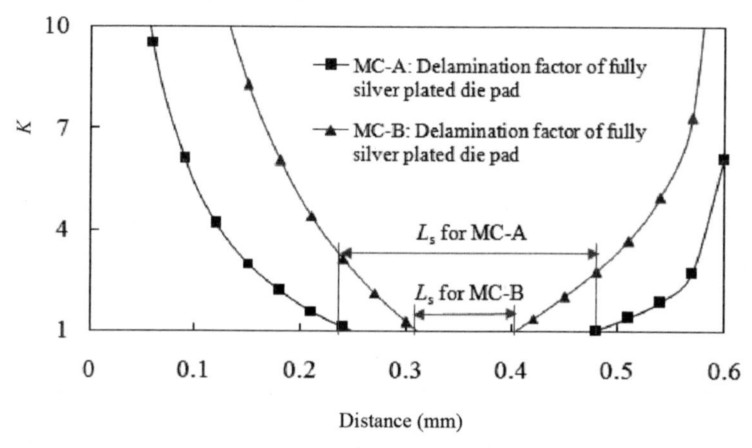

图 5-9　塑封料/全镀 Ag 芯片载体界面的分层因子 K 和安全长度 L_s

对于采用部分镀 Ag 芯片载体的 QFN 封装，本研究设定镀 Ag 长度为塑封料/芯片载体界面长度的一半。在不同塑封料包封情况下沿塑封料/部分镀 Ag 芯片载体界面的分层因子 K 值、相应的分层风险长度和安全长度如图 5-10 所示。

从图 5-10 可以看出，沿塑封料/部分镀 Ag 芯片载体界面的分层因子 K 值在靠近粘片胶的角点位置和芯片载体的边缘位置附近较大，且远大于 1，而且 L_d 明显大于 L_s。通过对比不同塑封料类型情况发现，采用 MC-B 包封情况的 L_d 大于采用 MC-A 包封情况的 L_d，而且在 L_d 内相同界面位置处的 K 值也更大，说明相比 MC-A，采用 MC-B 包封的 QFN 封装更

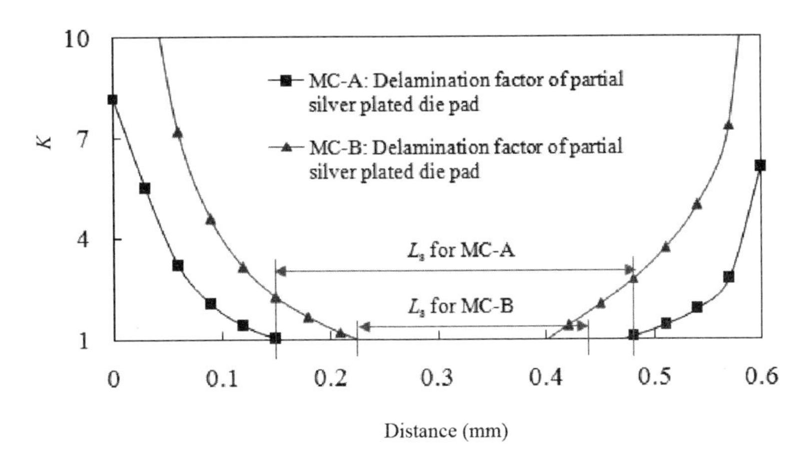

图5－10　塑封料/部分镀 Ag 芯片载体界面的分层因子 K 和安全长度 L_s

容易发生塑封料/芯片载体界面分层。

对比图5－8、图5－9和图5－10中分层风险长度，发现塑封料/Cu 芯片载体界面的 L_d 最小，其次为塑封料/部分镀 Ag 芯片载体界面的 L_d，塑封料/全镀 Ag 芯片载体界面的 L_d 最大，说明采用 Cu 芯片载体的 QFN 封装的塑封料/芯片载体界面可靠性最高，其次为采用部分镀 Ag 芯片载体的 QFN 封装，采用全镀 Ag 芯片载体的 QFN 封装的塑封料/芯片载体界面可靠性最低。

不同芯片载体、塑封料类型情况下塑封料/芯片载体界面的分层风险长度差异明显。定义界面失效判据因子（Failure factor）F 来判断塑封料/芯片载体界面是否发生分层现象，其值为分层风险长度 L_d 与界面长度 L_t 的比值，如式（5－2）所示。

$$F = L_d / L_t \tag{5-2}$$

失效判据因子 F 越高，界面可靠性越低，即越容易发生分层现象。在不同芯片载体、塑封料类型情况下的失效因子 F 值如图5－11所示。

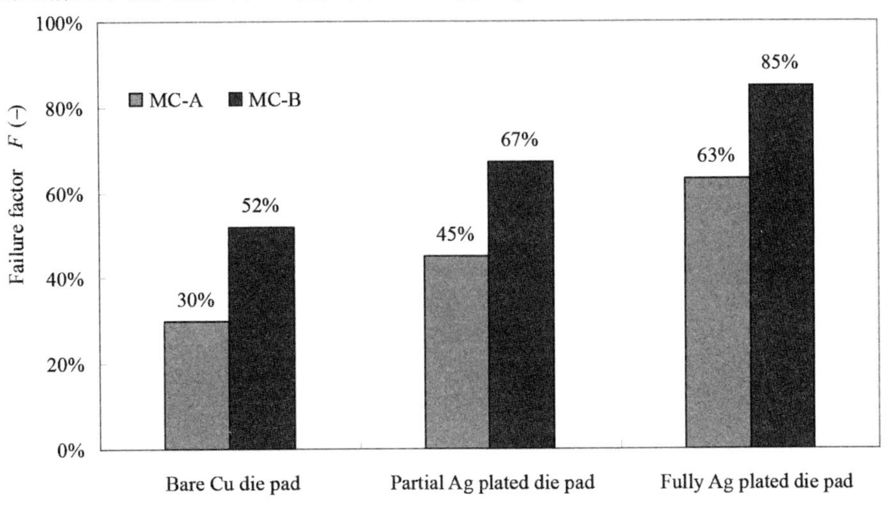

图5－11　不同芯片载体、塑封料类型情况下的失效因子 F

从图 5-11 可以发现，采用 Cu 芯片载体的 QFN 封装的失效判据因子 F 最小，其次为采用部分镀 Ag 芯片载体的 QFN 封装，采用全镀 Ag 芯片载体的 QFN 封装的失效判据因子 F 最大。对比塑封料的影响发现，采用 MC-A 包封的 QFN 封装的失效判据因子 F 小于采用 MC-B 包封情况下的值。

对于采用 Cu 芯片载体的 QFN 封装，由回流焊实验研究可以知道，采用 MC-A 包封情况下无分层现象，相应的失效判据因子 F 值为 30%，采用塑封料 MC-B 包封情况下存在分层现象，相应的失效判据因子 F 值为 52%。

通过上述研究，可以建立偏安全的塑封料/芯片载体界面分层失效准则，即当塑封料/芯片载体界面的失效判据因子 F 值大于 30% 时，认为界面发生分层失效。因此，在产品的设计阶段，将失效判据因子 F 控制在 30% 以内，以提升产品的界面可靠性。

5.6 析因实验设计与分析

为了研究封装结构参数和材料参数对 QFN 封装塑封料/芯片载体界面分层的影响，以回流焊温度 260℃情况下界面失效判据因子 F 为目标函数，其中塑封料/芯片载体界面强度取自推晶实验中的最高强度结果，即 1.2 MPa，以得到偏安全的预测结果。采用基于有限元数值模拟的析因实验设计分析方法进行研究。考虑的设计变量共有 6 个，分别为芯片厚度、塑封料/芯片载体界面长度、塑封料的弹性模量和热膨胀系数、粘片胶的弹性模量和热膨胀系数，每个设计变量具有 2 个水平，如表 5-3 所示，共进行 16 组仿真实验。在析因实验设计分析中，信心水平设为 99%。

表 5-3　全析因实验设计分析的设计变量及其水平

Design variables	Factors	Levels	
		1	2
Pad shoulder_ Length (mm)	A	0.4	0.8
Die_ Thickness (mm)	B	0.1	0.3
EMC_ E (MPa)	C	500	1000
EMC_ CTE (10^{-6}/℃)	D	25	50
Die attach_ E (MPa)	E	10	100
Die attach_ CTE (10^{-6}/℃)	F	100	300

各设计变量对失效判据因子 F 的主效应如图 5-12 所示。

从图 5-12 可以看出，塑封料/芯片载体界面长度对界面失效判据因子 F 最为重要，其次为塑封料的弹性模量和热膨胀系数。塑封料/芯片载体界面越长，塑封料的弹性模量和热膨胀系数越小、失效判据因子 F 则越小，说明界面的可靠性越高，越不容易发生分层失效。芯片厚度、粘片胶的弹性模量和热膨胀系数对失效判据因子 F 无明显影响。

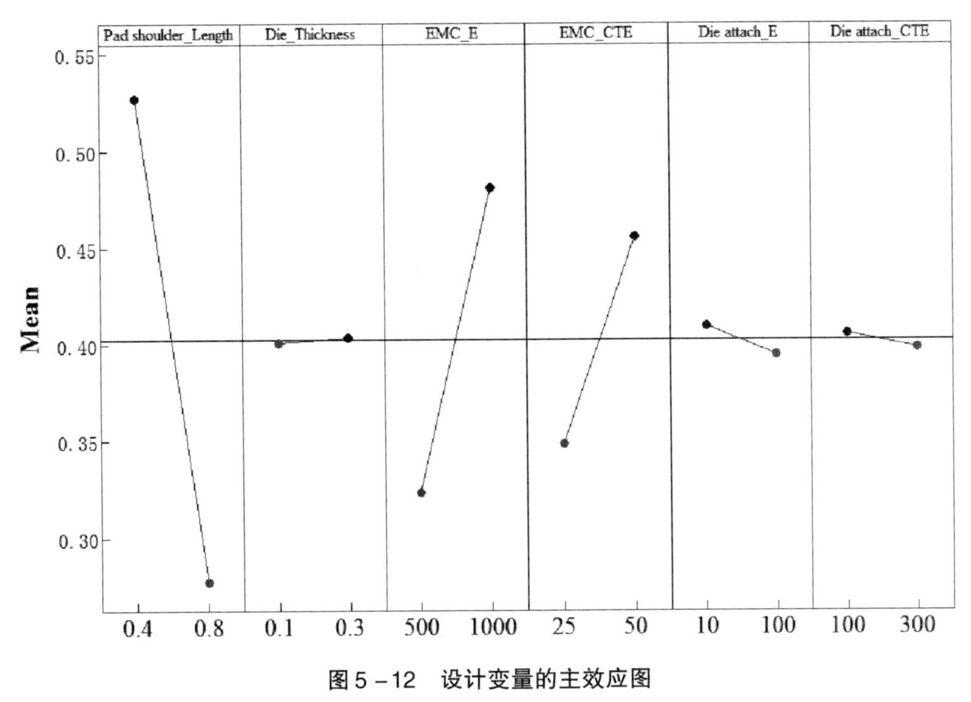

图 5－12　设计变量的主效应图

各设计变量之间的交互效应如图 5－13 所示，可以看出，塑封料的热膨胀系数与塑封料/芯片载体界面长度和芯片厚度之间存在交互作用，芯片厚度与粘片胶的热膨胀系数之间存在交互作用。

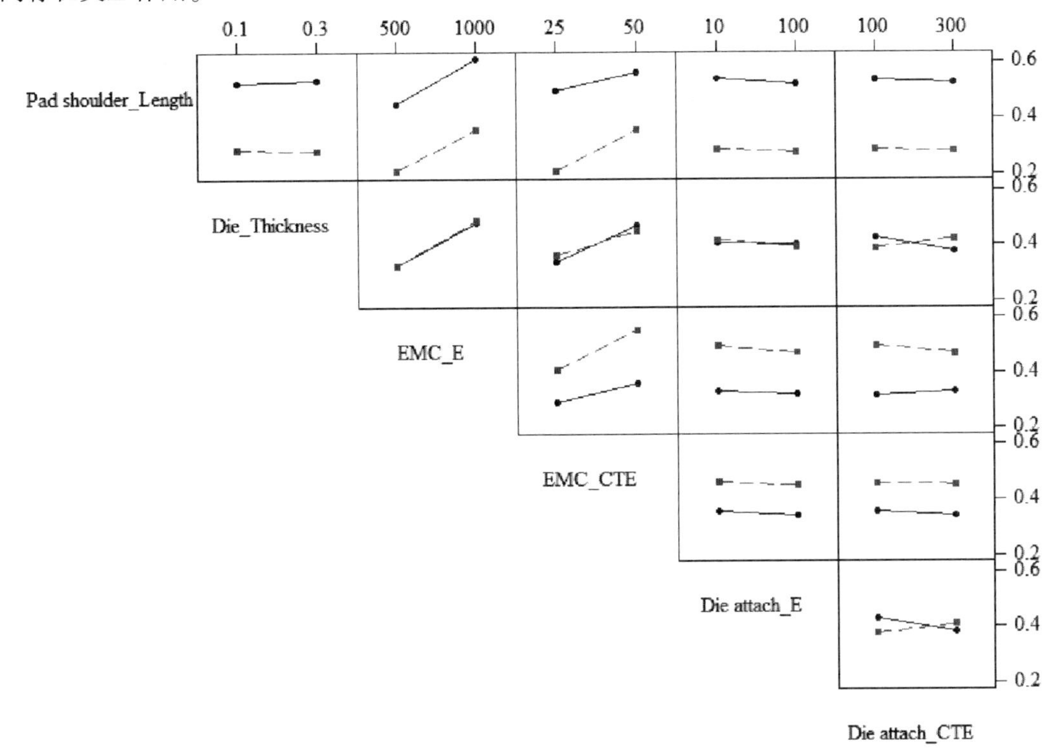

图 5－13　设计变量之间的交互作用

各设计变量及其交互作用对失效判据因子 F 的效应是否显著需进一步进行分析，显著性分析的 Pareto 图如图 5－14 所示，可以看到，对失效判据因子 F 具有显著效应的项共有 3 个，按影响程度排序依次为塑封料/芯片载体界面长度、塑封料的弹性模量和热膨胀系数。其他设计变量以及所有设计变量间的交互作用项为非显著项。

界面失效判据因子 F 的影响立方图如图 5－15 所示，其中包含的 3 个因子为由 Pareto 图得出的具有显著影响的设计变量，分别为塑封料/芯片载体界面的长度、塑封料的弹性模量和热膨胀系数。在不同设计变量水平的组合情况下，失效判据因子 F 值明显不同，当塑封料/芯片载体界面长度为 0.8 mm、塑封料的弹性模量为 500 MPa、塑封料的热膨胀系数为 25×10^{-6}/℃时，失效判据因子 F 为 0.1565，满足失效判据因子 F 小于 30%。

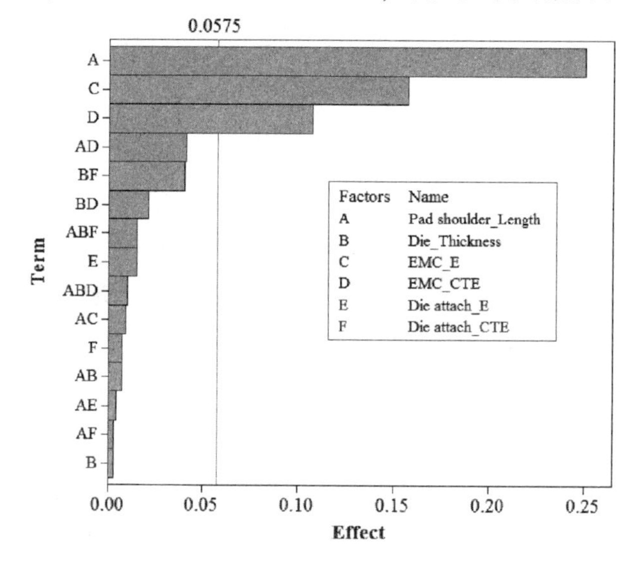

图 5－14　设计变量显著分析的 Pareto 图

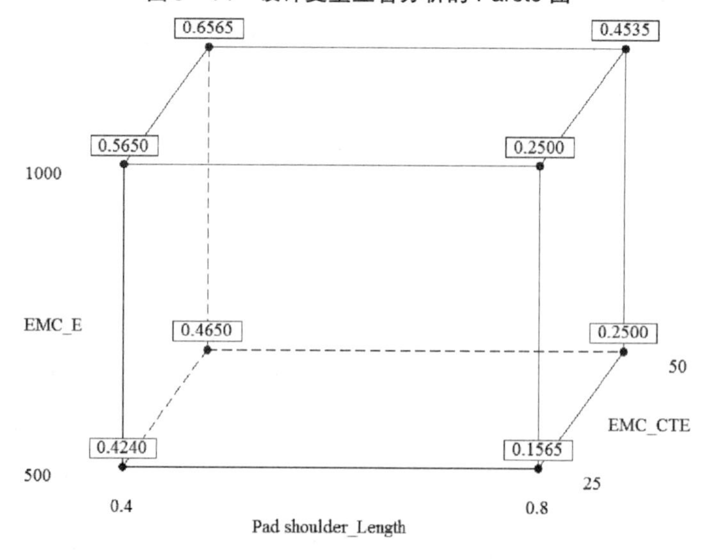

图 5－15　界面失效判据因子 F 的影响立方图

因此可以通过界面分层可靠性设计，将失效判据因子 F 控制在30%以内。通过分析图5-12中各设计变量对失效判据因子 F 的影响，可以得到提升界面分层可靠性的最优组合设计为 $A2B1C1D1E2F2$。

5.7 基于响应曲面法的塑封料/芯片载体界面分层优化设计

在界面分层问题的响应曲面分析中，采用中心复合设计方法进行研究。设计变量共3个，分别为塑封料/芯片载体界面长度、塑封料的弹性模量和热膨胀系数，每个设计变量的上下限如表5-4所示。

响应曲面分析的响应值，即目标函数为界面失效判据因子 F。采用有限元数值模拟方法共进行15组仿真实验，结果如表5-5所示。

需要说明的是，在有限元分析中，除了塑封料/芯片载体界面长度、塑封料的弹性模量和热膨胀系数3个设计变量之外，其他结构参数和材料参数均采用初始设计情况下的值。根据表5-5的实验结果，对界面失效判据因子 F 的回归方程进行拟合分析，得到合理的回归方程。

表5-4 响应曲面分析的设计变量及其水平

Process parameters	Factors	Levels		
		1	2	3
Pad shoulder_ Length (mm)	A	0.4	0.6	0.8
EMC_ E (MPa)	B	500	750	1000
EMC_ CTE (10^{-6}/℃)	C	25	37.5	50

表5-5 响应曲面分析的实验结果和响应特性

Experimental run	Pad shoulder_ Length (mm)	EMC_ E (MPa)	EMC_ CTE (10^{-6}/℃)	Failure factor F
1	0.4	500	50	0.438
2	0.6	750	50	0.4
3	0.4	500	25	0.413
4	0.6	1000	37.5	0.45
5	0.8	1000	50	0.434
6	0.8	1000	25	0.24
7	0.8	500	50	0.24
8	0.6	500	37.5	0.258

续表

Experimental run	Pad shoulder_ Length (mm)	EMC_ *E* (MPa)	EMC_ CTE (10^{-6}/℃)	Failure factor *F*
9	0.6	750	37.5	0.358
10	0.8	750	37.5	0.263
11	0.4	1000	50	0.625
12	0.4	1000	25	0.568
13	0.4	750	37.5	0.5
14	0.8	500	25	0.159
15	0.6	750	25	0.308

表 5－6 界面失效判据因子 *F* 回归方程的合理选择

Source	Std. Dev.	R^2	Adjusted R^2	Predicted R^2	Press	Remark
Linear	0.034436	0.946666	0.932121	0.880263	0.029285	Suggested
2FI	0.025493	0.978743	0.962801	0.846546	0.037532	Suggested
Quadratic	0.017045	0.994061	0.98337	0.79646	0.025324	
Cubic	0.006799	0.999811	0.997354	0.429904	0.139433	Aliased

根据统计分析，当相关系数 R^2 值越接近 1 时，回归方程与有限元数值计算结果的拟合效果越理想。从表 5－6 可以看出，得到的线性回归方程和 2FI 回归方程的拟合效果都比较理想，相关系数 R^2 分别为 0.8803 和 0.8465。

得到的线性回归方程，即界面失效判据因子 *F* 的预测模型为：

$$\begin{aligned} \text{Failure factor} &= 0.36193 - 0.604 \times \text{Pad shoulder\_ Length} \\ &+ 3.236\text{E}-4 \times \text{EMC\_ }E + 3.592\text{E}-3 \times \text{EMC\_ CTE} \end{aligned} \tag{5-3}$$

对界面失效判据因子 *F* 响应的线性回归方程进行变异分析，结果如表 5－7 所示。可以看出，采用的线性回归方程是显著的。通过观察 P 值可以看出，塑封料/芯片载体界面长度、塑封料的弹性模量和热膨胀系数是影响界面分层可靠性的显著因子，这与析因实验设计方法得到的结果一致。

表 5－7 响应曲面线性模型的变异分析

Source	SS	DF	MS	F	P	Remark
Model	0.231535	3	0.077178	65.08268	< 0.0001	Significant
Pad shoulder_ Length	0.145926	1	0.145926	123.0565	< 0.0001	
EMC_ *E*	0.065448	1	0.065448	55.19095	< 0.0001	
EMC_ CTE	0.02016	1	0.02016	17.00057	0.0017	
Residual	0.013044	11	0.001186			
Cor Total	0.244579	14				

对于线性回归方程，其预测值和真实值的分布状况图如图 5－16 所示。预测值和真实值大致在同一直线附近，表明统计分析得到的线性回归方程的准确性和可靠性。

由于线性回归方程忽略了可能存在的设计变量之间交互作用的影响，而 2FI 模型回归方程考虑了各设计变量之间的交互作用。得到的 2FI 模型回归方程，即界面失效判据因子 F 的预测模型为：

$$\begin{aligned}\text{Failure factor} &= 0.66681 - 0.84025 \times \text{Pad shoulder\_ Length} \\ &+ 2.06600\text{E} - 4 \times \text{EMC\_ }E - 6.548\text{E} - 3 \times \text{EMC\_ CTE} \\ &- 1.675\text{E} - 4 \times \text{Pad shoulder\_ Length} \times \text{EMC\_ }E \\ &+ 9.65\text{E} - 3 \times \text{Pad shoulder\_ Length} \times \text{EMC\_ CTE} \\ &+ 5.8\text{E} - 6 \times \text{EMC\_ }E \times \text{EMC\_ CTE}\end{aligned} \tag{5-4}$$

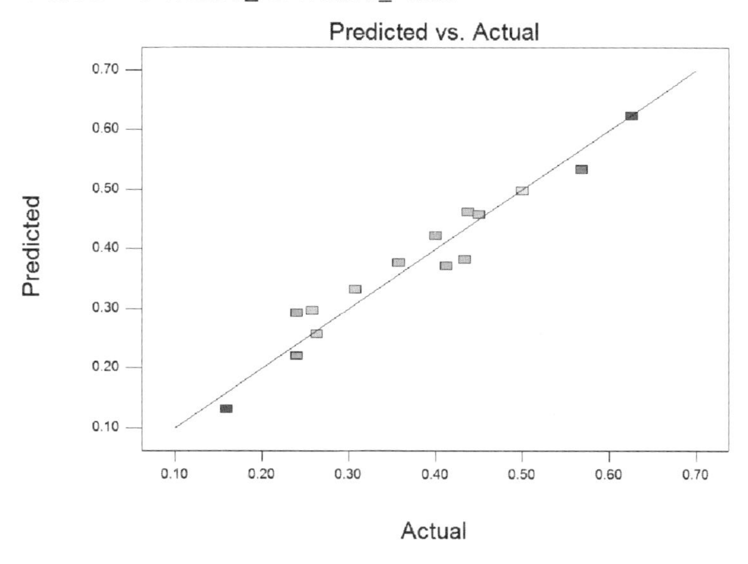

图 5－16　线性回归方程的预测值与实验值的对比

表 5－8　响应曲面 2FI 模型的变异分析

Source	SS	DF	MS	F	P	Remark
Model	0.23938	6	0.039897	61.39178	< 0.0001	Significant
Pad shoulder_ Length	0.145926	1	0.145926	224.5471	< 0.0001	
EMC_ E	0.065448	1	0.065448	100.7096	< 0.0001	
EMC_ CTE	0.02016	1	0.02016	31.02175	0.0005	
Pad shoulder_ Length × EMC_ E	0.000561	1	0.000561	0.863442	0.3800	
Pad shoulder_ Length × EMC_ CTE	0.004656	1	0.004656	7.164704	0.0281	
EMC_ E × EMC_ CTE	0.002628	1	0.002628	4.044079	0.0792	
Residual	0.005199	8	0.00065			
Cor Total	0.244579	14				

对界面失效判据因子 F 响应的 2FI 模型回归方程进行变异分析，结果如表 5－8 所示。可以看出，采用的 2FI 模型回归方程是显著的。通过观察 P 值可以看出，塑封料/芯片载体界面长度、塑封料的弹性模量和热膨胀系数是影响界面分层的显著因子，这与析因实验设计方法得到的结果一致。同时还发现，塑封料/芯片载体界面长度与塑封料的热膨胀系数之间存在显著的交互作用，而线性回归方程忽略了该交互作用的影响。

对于 2FI 模型回归方程，其预测值和真实值的分布状况图如图 5－17 所示。从图 5－17 可以发现，预测值和真实值大致在同一直线附近，表明统计分析得到的 2FI 模型回归方程的准确性和可靠性。

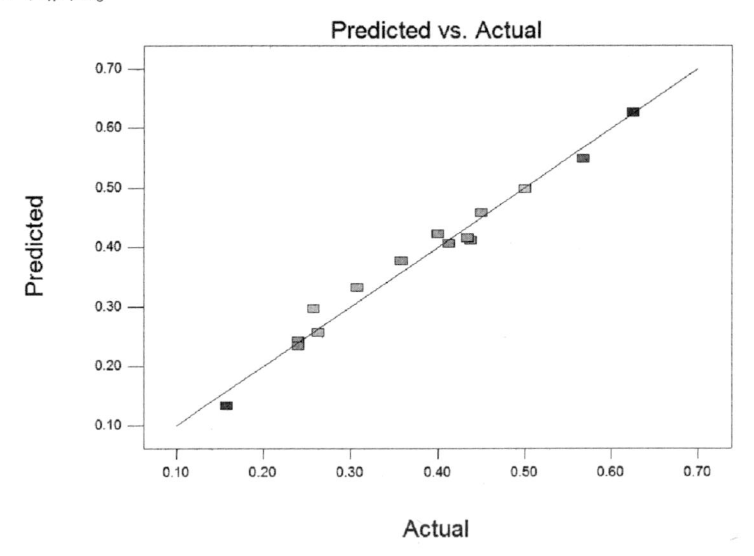

图 5－17　2FI 回归方程的预测值与实验值的对比

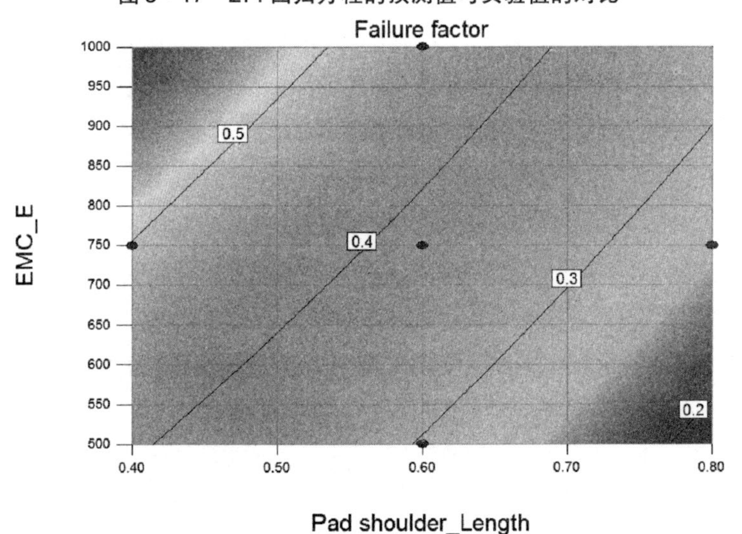

图 5－18　塑封料/芯片载体界面的长度与塑封料的弹性模量对 F 影响的等值线图

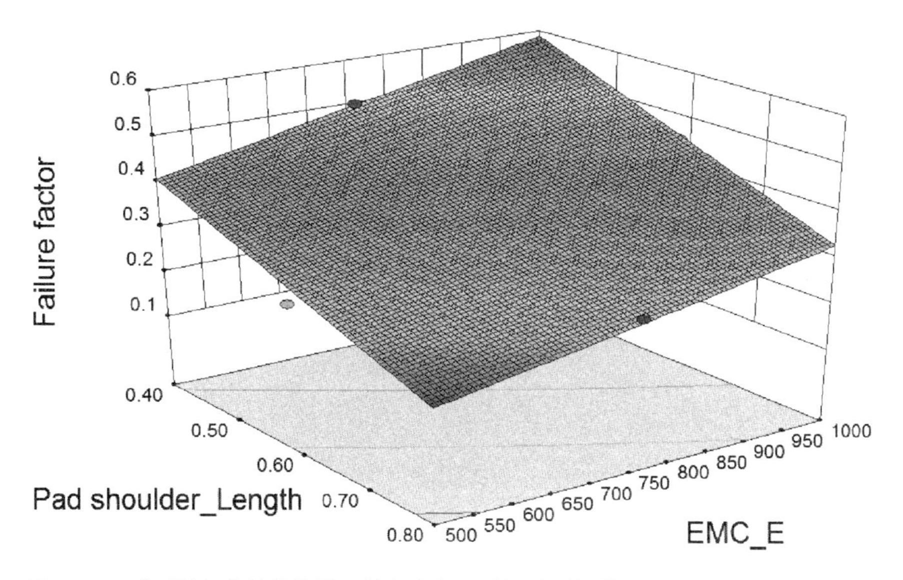

图 5 – 19　塑封料/芯片载体界面的长度与塑封料的弹性模量对 F 影响的响应曲面图

塑封料/芯片载体界面长度与塑封料的弹性模量对界面失效判据因子 F 响应的等值线图和二阶响应曲面图分别如图 5 – 18 和图 5 – 19 所示。研究发现，塑封料/芯片载体界面长度越长，塑封料的弹性模量越小，则失效判据因子 F 越小，界面分层风险越小，而且得到使失效判据因子 F 控制在 30% 以内的设计变量的设计范围。

塑封料/芯片载体界面长度与塑封料的热膨胀系数对界面失效判据因子 F 响应的等值线图和二阶响应曲面图如图 5 – 20 和图 5 – 21 所示。研究发现，塑封料/芯片载体界面长度越长，塑封料的热膨胀系数越小，则失效判据因子 F 越小，界面分层风险越小，而且得到使失效判据因子 F 控制在 30% 以内的设计变量的设计范围。

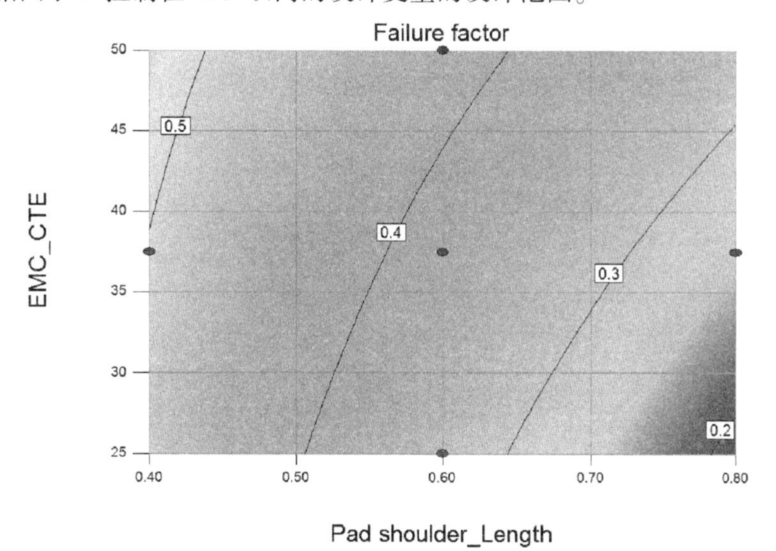

图 5 – 20　塑封料/芯片载体界面的长度与塑封料的热膨胀系数对 F 影响的等值线图

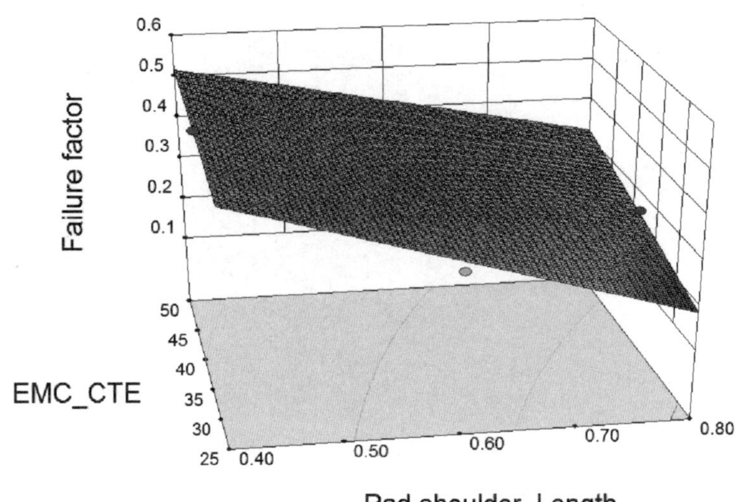

图 5－21 塑封料/芯片载体界面的长度与塑封料的热膨胀系数对 F 影响的响应曲面图

塑封料的弹性模量与热膨胀系数对界面失效判据因子 F 响应的等值线图和二阶响应曲面图如图 5－22 和图 5－23 所示。研究发现，塑封料的弹性模量越小，热膨胀系数越小，则失效判据因子 F 越小，界面可靠性越高，而且得到使失效判据因子 F 控制在 30% 以内的设计变量的设计范围。

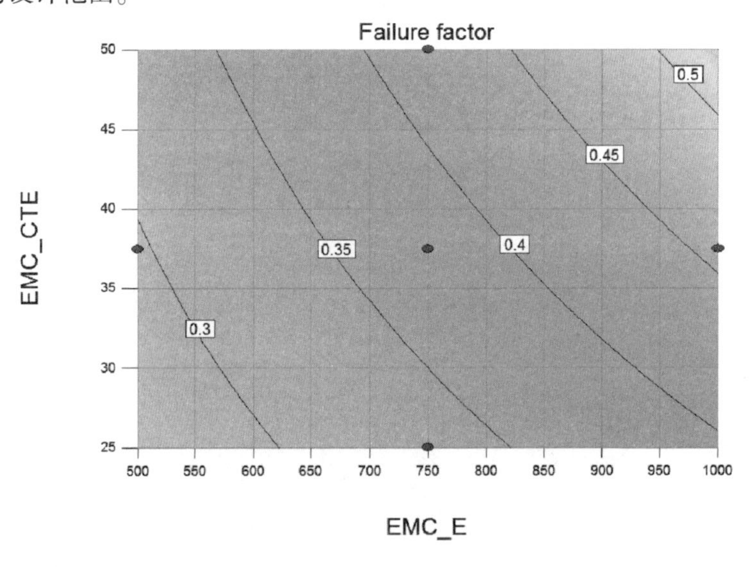

图 5－22 塑封料的弹性模量与热膨胀系数对 F 影响的等值线图

由线性响应模型的回归方程可得最优解：当塑封料/芯片载体界面长度为 0.80 mm，塑封料的弹性模量为 503.33 MPa，塑封料的热膨胀系数为 32.61×10^{-6}/℃时，失效判据因子 F 为 0.16。

由 2FI 响应模型的回归方程可得最优解：当塑封料/芯片载体界面长度为 0.79 mm，塑封料的弹性模量为 507.74 MPa，塑封料的热膨胀系数为 25.36×10^{-6}/℃时，失效判据因子 F 为 0.14。

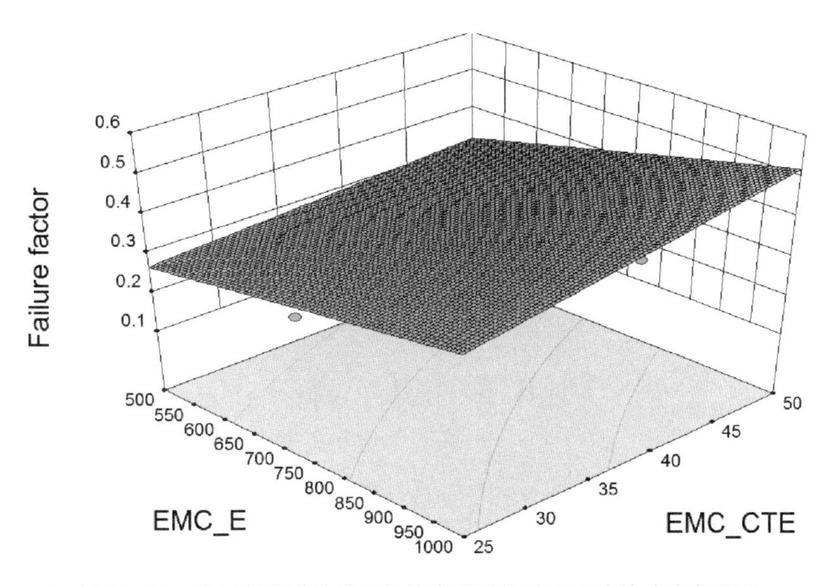

图 5－23　塑封料的弹性模量与热膨胀系数对 *F* 影响的响应曲面图

5.8　本章小结

本章采用推晶实验测量了塑封料与芯片载体的界面结合强度，研究了温度载荷、塑封料类型和芯片载体类型（有/无镀银层）对结合强度的影响。研究发现：温度载荷越高，结合强度越低；不同塑封料类型与芯片载体的结合强度具有差异；镀银层的存在使得芯片载体与塑封料的结合强度明显降低。通过 MSL-3 回流焊可靠性实验发现界面分层失效模式，即裂纹分别萌生于粘片胶的角点和芯片载体的边缘位置，并沿着界面向内部扩展，直至裂纹贯穿整个界面。采用数值模拟方法计算了回流焊温度下塑封料与芯片载体的界面应力。建立了多圈 QFN 封装界面可靠性评价方法和塑封料/芯片载体界面分层失效准则。采用基于数值模拟的析因实验设计研究了结构参数和材料参数对界面分层的影响，发现塑封料的弹性模量、塑封料与芯片载体界面长度是影响界面分层的显著因子。采用响应曲面方法得到了基于线性和 2FI 模型回归方程的界面分层预测模型，并进行了优化设计。

第6章　多圈 QFN 封装焊点热疲劳寿命分析与设计

6.1 引　言

当电子封装器件，即一级封装制造完成后，通常采用表面贴装技术（Surface Mounting Technology—SMT）将电子封装器件通过焊料贴装到 PCB 上，形成二级封装。焊料回流焊后形成的焊锡接点，简称焊点作为主要结构互连方式，起到传输电信号和保证微系统结构的完整性的作用。在电子封装服役过程中，由于电子封装器件和 PCB 的材料属性不同，功率循环或者环境温度循环引起的交变温度载荷将在焊点中产生应力和应变的累积，最终导致焊点热疲劳失效。与其他封装形式相比，QFN 封装在 PCB 上形成的焊点高度较低，如图 6－1 所示。在服役过程中，材料间的热失配导致焊点中应力应变水平较高，造成焊点的热疲劳寿命较短。

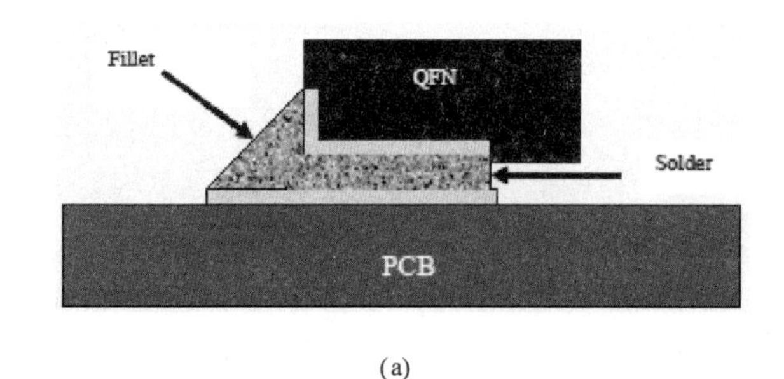

(a)

(b)

图 6－1　QFN 封装的焊点

（a）示意图　（b）实物照片

本章采用基于有限元数值模拟的实验设计方法，研究材料属性、几何结构和温度载荷条件等设计变量对多圈 QFN 封装焊点热疲劳寿命的影响，并进行设计变量的最优组合设计。首先，建立三维有限元模型分析焊点在温度循环过程中的应力应变，其中采用 Anand 粘塑性本构模型描述无铅焊料 Sn3.0Ag0.5Cu 的力学行为，采用 Coffin-Manson 寿命预测模型计算初始设计情况下多圈 QFN 封装的热疲劳寿命。然后，采用单一因子方法研究材料属性、几何结构和温度载荷条件对热疲劳寿命的影响。接着，采用田口实验设计方法建立 L_{27}（3^8）正交实验表进行设计变量的组合设计。最后，采用有限元分析方法对设计变量的最优组合设计结果进行验证，得到最优组合设计情况下的热疲劳寿命。

6.2　多圈 QFN 封装焊点热疲劳寿命分析的有限元模型

双圈引脚排列的 VQFN68L 封装如第4章中图4-1所示。在初始设计中，VQFN68L 封装的结构参数在4.2.1节中所述，板级温度循环实验采用的 PCB 的尺寸为 15 mm × 15 mm × 1.6 mm，焊点的高度为0.2 mm。

由于几何结构的对称性，采用有限元仿真软件 ANSYS 建立三维1/4有限元模型，其中包括 VQFN68L 封装、PCB 和焊点。多圈 QFN 封装焊点热疲劳寿命分析的有限元模型如图6-2所示，其中图6-2（a）为整体有限元模型，图6-2（b）为焊点附近区域的局部有限元模型。整个模型均采用六面体单元进行网格划分，其中焊点材料采用 VISCO107 粘塑性单元，其他封装材料采用 SOLID45 实体单元。焊点材料的单元厚度设为0.01 mm。

焊点采用无铅焊料 Sn3.0Ag0.5Cu，其熔点 T_m 为217℃。在服役过程中封装组件承受的温度载荷范围为-40～125℃，达到0.48～0.81T_m，焊点的塑性变形和蠕变行为明显，因此，在有限元仿真分析中采用考虑粘塑性效应的 Anand 本构模型对焊点的力学行为进行描述。

Anand 本构模型[124]最初用于描述铝合金等高强度材料在高温状态下（0.5～0.8 T_m）的力学行为，Darveau[125]首次通过对焊锡材料的蠕变曲线进行修正得到了用于描述粘塑性效应的 Anand 本构模型参数。Anand 本构模型被广泛用于描述无铅焊料的力学行为，其中焊料率相关的蠕变和率无关的塑性应变统一由非弹性应变进行述，即非弹性应变包含蠕变和塑性应变。

Anand 本构模型采用流动方程和演化方程统一描述率相关的蠕变和率无关的塑性变形行为，可以反映温度效应、应变率效应、应变硬化和动态回复等特性，该模型包括一个流动方程和三个演化方程。

流动方程：

$$\dot{\varepsilon}_p = A\left[\sinh\left(\frac{\xi\sigma}{s}\right)\right]^{1/m}\exp\left(\frac{-Q}{RT}\right) \tag{6-1}$$

式中：$\dot{\varepsilon}_p$ 为非弹性应变率；σ 为变形阻力；A 为置前系数；s 为变形阻力；Q 为激活能；R 为玻尔兹曼气体常数；ξ 为应力因子；T 为绝对温度；m 为应力的应变率敏感度。

演化方程：

$$\dot{s} = \left\{h_0(|B|^a)\frac{B}{|B|}\right\}\dot{\varepsilon}_p \tag{6-2}$$

$$B = 1 - \frac{s}{s^*} \tag{6-3}$$

$$s^* = \hat{s}\left[\frac{\dot{\varepsilon}_p}{A}\right]\exp\left(\frac{Q}{RT}\right)^n \tag{6-4}$$

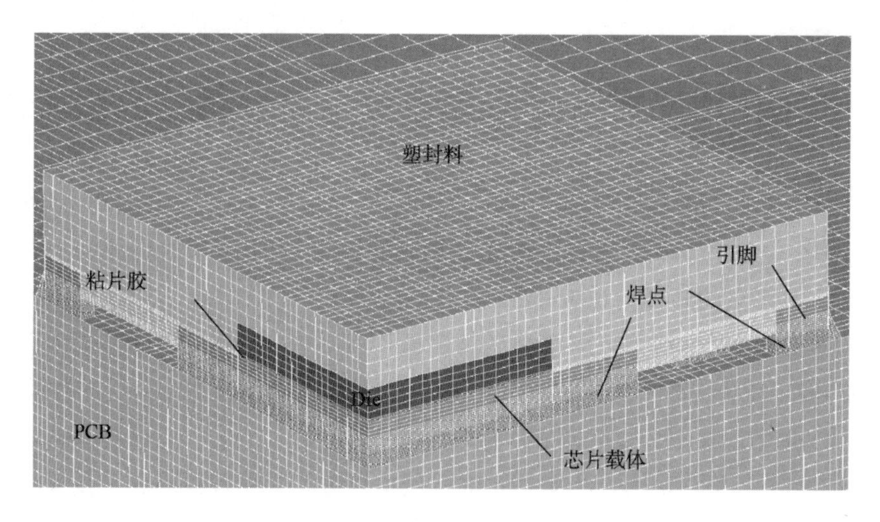

(a)

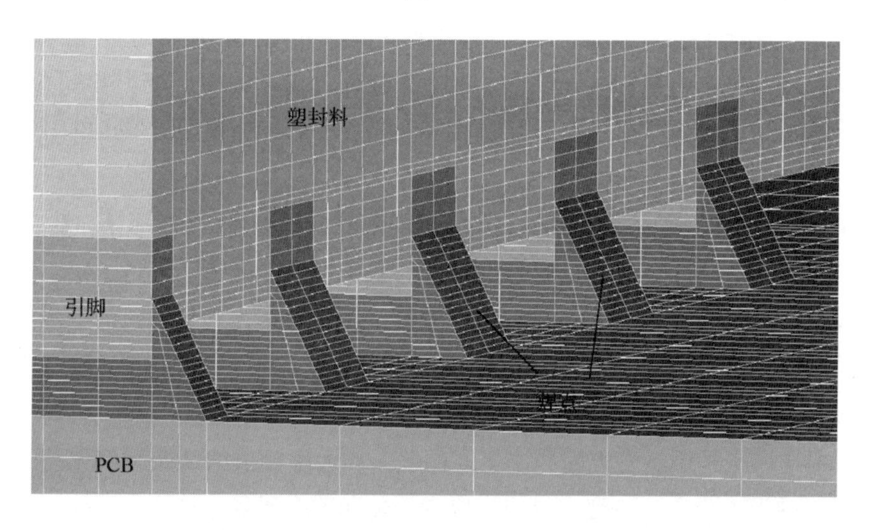

(b)

图 6－2　VQFN68L 封装的热疲劳分析的有限元模型

(a) 整体视图　(b) 局部视图

式中：h_0为硬化/软化常数；a 为硬化/软化的应变率敏感度；s^* 为给定温度和应变率条件下变形阻力 s 的饱和值；$\hat{s}$ 为变形阻力饱和值 s^* 的系数；n 为应变率敏感度；R 为玻尔兹曼气体常数。

无铅焊料 Sn3.0Ag0.5Cu 的 Anand 本构模型参数如表 6－1 所示。除焊料外，有限元模型中其他材料均设定为线弹性材料，在初始设计中各材料的材料参数如表 6－2 所示。焊料 Sn3.0Ag0.5Cu 的弹性模量与温度密切相关，不同温度下的弹性模量如表 6－3 所示。

表 6－1　Sn3.0Ag0.5Cu 焊料的 Anand 本构模型参数[126]

$A \cdot s^{-1}$	$Q \cdot R^{-1}$ (℃)	$\hat{s}$ (MPa)	h_0 (MPa)	ξ	m	N	A	s_0 (MPa)
5.87×10^6	7460	58.3	9350	2	0.0942	0.015	1.5	45.9

表 6-2　封装材料的材料参数

Materials	E (GPa)	ν	CTE (10^{-6}/℃)
EMC	26	0.3	7.5
Die	131	0.3	2.8
Die attach	7.84	0.35	61
Die pad	117	0.3	17.3
PCB	16	0.3	17.3
Sn3.0Ag0.5Cu	表 6-3	0.35	25

表 6-3　不同温度下焊料 Sn3.0Ag0.5Cu 的弹性模量[127]

T (℃)	-40	25	50	125
E (GPa)	45.74	34.30	29.9	16.70

在三维 1/4 有限元模型的对称面上施加对称约束，其余表面设为自由表面，将整体模型的底部中心点固定以消除刚体位移。设定无应力无变形时的参考温度为 25℃，对整个有限元模型施加温度循环载荷 -40 ~ 125℃，其中高/低温驻留阶段的时间各为 300 s，升/降温阶段的时间各为 600 s，1800 s 完成一个温度循环，共施加 4 个温度循环。

6.3　初始设计情况下多圈 QFN 封装焊点的热疲劳寿命

焊点在温度循环载荷下的等效应力和等效塑性应变是影响热疲劳寿命的重要因素，在高温驻留阶段的影响尤为明显。温度循环完成后，提取焊点在最后一个温度循环高温驻留阶段结束时的等效应力和等效塑性应变分布进行分析，确定最易发生热疲劳失效的焊点和位置，即关键焊点和关键位置。图 6-3 和图 6-4 分别为焊点的等效应力和等效塑性应变分布。

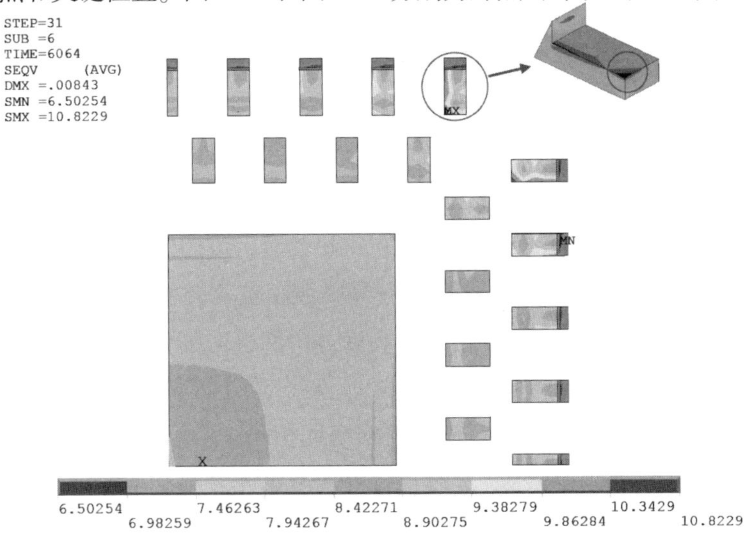

图 6-3　焊点的等效应力分布云图

结合图 6－3 和图 6－4 研究可以发现，最大等效应力与最大等效塑性应变均位于同一位置，即外圈焊点的角点焊点与引脚结合界面的端部，说明在温度循环载荷下，疲劳裂纹极易在关键焊点与引脚结合界面端处萌生。因此，外圈焊点的角点焊点即为影响热疲劳寿命的关键焊点，关键焊点与引脚结合界面的端部为关键位置。

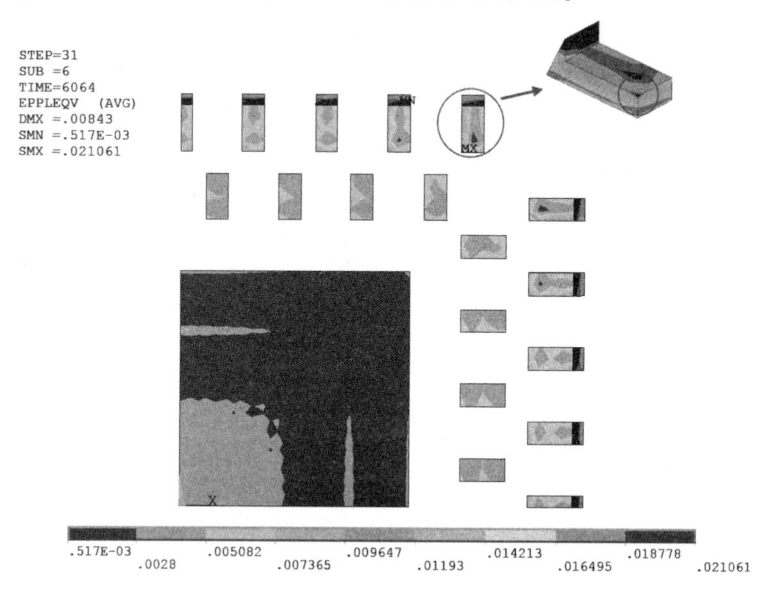

图 6－4　焊点的等效塑性应变分布云图

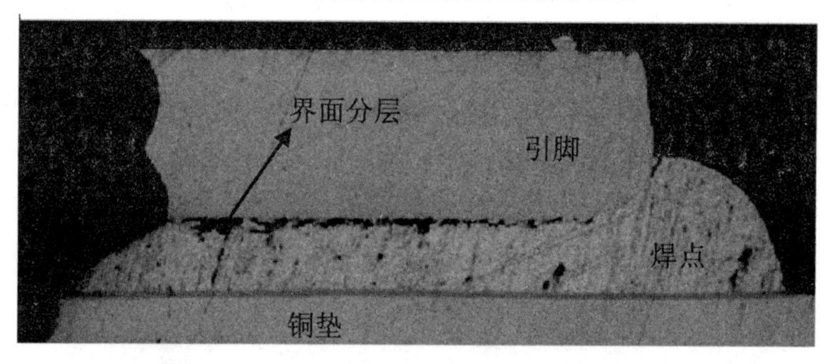

图 6－5　QFN 封装焊点的热疲劳断裂失效[129]

参照 Tee[64]、Zhu[69] 和 Gershman[127] 等人的 QFN 封装热疲劳实验结果，如图 6－5 所示，发现在温度循环载荷下疲劳裂纹出现在角点焊点与引脚的结合界面，并沿着界面进行扩展。上述实验结果与本研究中的有限元分析结果吻合。

在 VQFN68L 封装热疲劳寿命的有限元分析中，焊点的网格密度和单元划分情况直接影响有限元计算结果的准确性，其中沿焊点高度方向网格密度的影响尤为显著。为了保证有限元计算所用网格的收敛性，在高度方向对焊点进行不同网格密度的单元划分，其他方向上的网格密度保持不变，与图 6－2 所示网格密度相同。

分别计算在不同单元厚度情况下关键位置处的节点在最后一个温度循环高温驻留阶段结束时的最大等效应力和最大等效塑性应变，如图 6－6 所示。

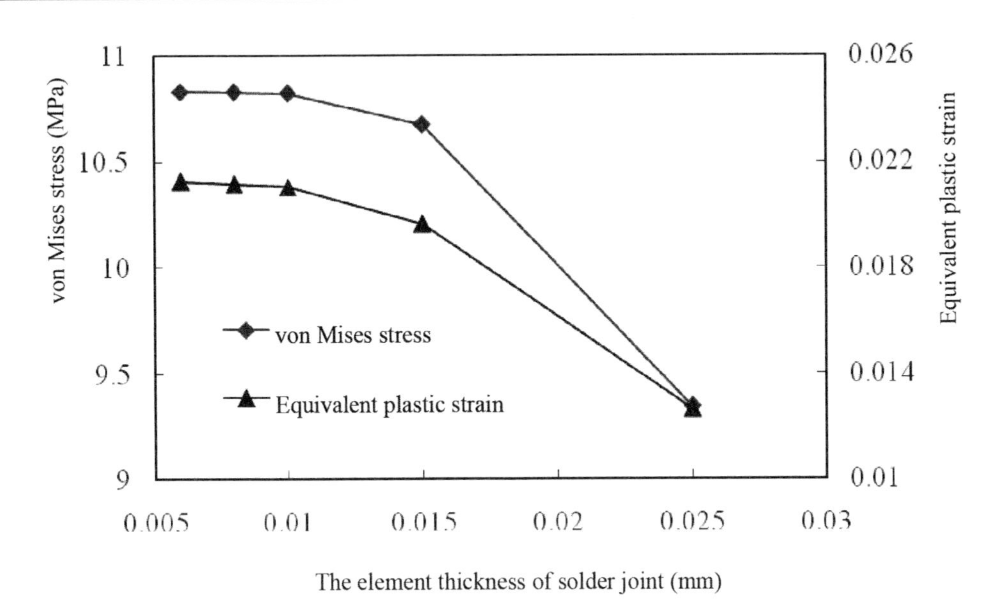

图 6－6　有限元网格的收敛性

可以看到，随着单元厚度的减少，最大等效应力和最大等效塑性应变逐渐增大，当单元厚度减少到 0. 01 mm 时，最大等效塑性应变和最大等效应力值达到稳定，说明有限元网格达到收敛。需要特别说明的是，图 6－2～图 6－4 中所示焊点的单元厚度为 0. 01 mm。在后续的实验设计分析中，焊点的单元厚度均采用 0. 01 mm，以消除网格密度的影响，保证计算结果的准确性和可比性。

通过图 6－3 和图 6－4 确定关键焊点和关键位置后，提取关键位置处节点的等效应力、等效塑性应变和非弹性应变能密度随温度循环载荷的变化进行分析，分别如图 6－7、图 6－8 和图 6－9 所示。

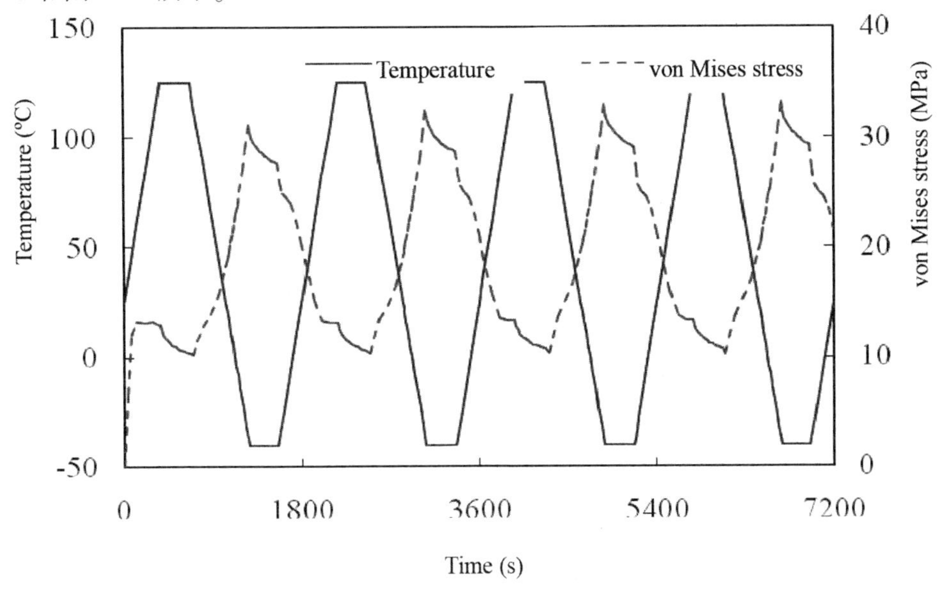

图 6－7　等效应力与时间的关系

从图 6－7 可以发现，等效应力随着温度循环载荷呈周期性变化，而且最大等效应力逐渐趋于稳定。以第一个温度循环为例，在 25～125℃升温阶段，等效应力快速增大，然而随着温度的进一步升高，等效应力逐渐达到稳定；在 125℃高温驻留阶段，由于应力松弛现象显著，等效应力减小；在 125～－40℃降温阶段，由于焊料的弹性模量增大，等效应力快速增大；在－40℃低温驻留阶段，由于焊料具有较高的应力水平，应力松弛现象明显，等效应力减小；在－40～25℃升温阶段，由于焊料的弹性模量减小，等效应力减小。

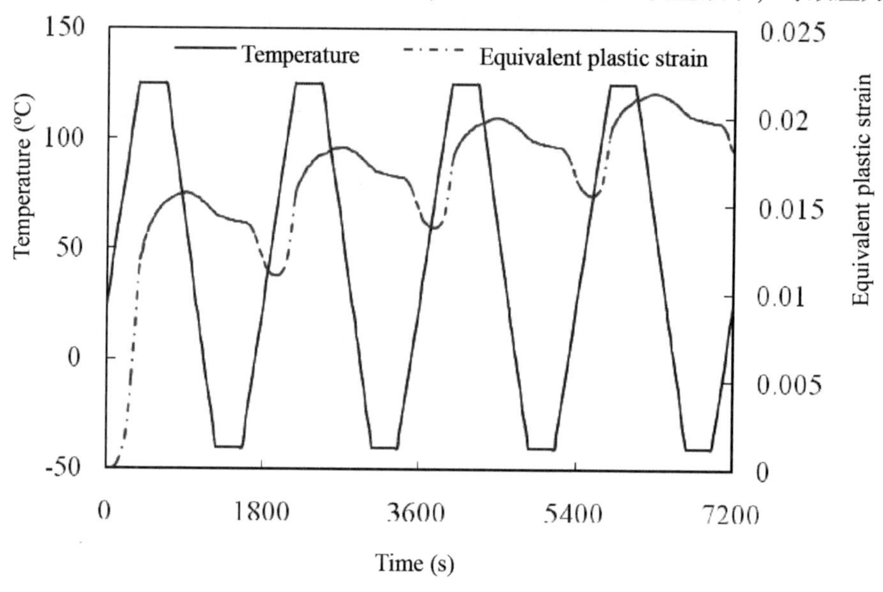

图 6－8　等效塑性应变与时间的关系

从图 6－8 可以发现，等效塑性应变随着温度循环载荷同样呈周期性变化，但等效塑性应变幅值逐渐增大。以第一个温度循环为例，在 25～125℃升温阶段，焊料中同时存在塑性变形和蠕变变形，等效塑性应变明显增大；在 125℃高温驻留阶段，焊料中的塑性应变保持不变，等效塑性应变的增加来源于焊料在高温下的蠕变变形；在 125～－40℃降温阶段，等效塑性应变先增大后减小，但变化的幅值不大；在－40℃低温驻留阶段，等效塑性应变无明显变化；在－40～25℃升温阶段，等效塑性应变大幅度减小。

从图 6－9 可以发现，非弹性应变能密度随着温度循环逐渐增加，在升/降温阶段，非弹性应变能密度明显增加，在高/低温驻留阶段，非弹性应变能密度变化不大。

温度循环过程中等效应力与等效塑性应变之间的对应关系如图 6－10 所示。由于塑性应变和蠕变的存在，等效应力与等效塑性应变之间并不是同步的，而是形成一个环，称为迟滞回线或迟滞环。迟滞回线所围区域面积的力学意义为在该温度循环下累积的非弹性应变能密度，表示一个温度循环内单位体积所消耗的能量。随着温度循环的进行，共形成 4 个迟滞回线环，迟滞回线环沿着等效塑性应变方向作水平移动，但围成的面积趋于稳定。

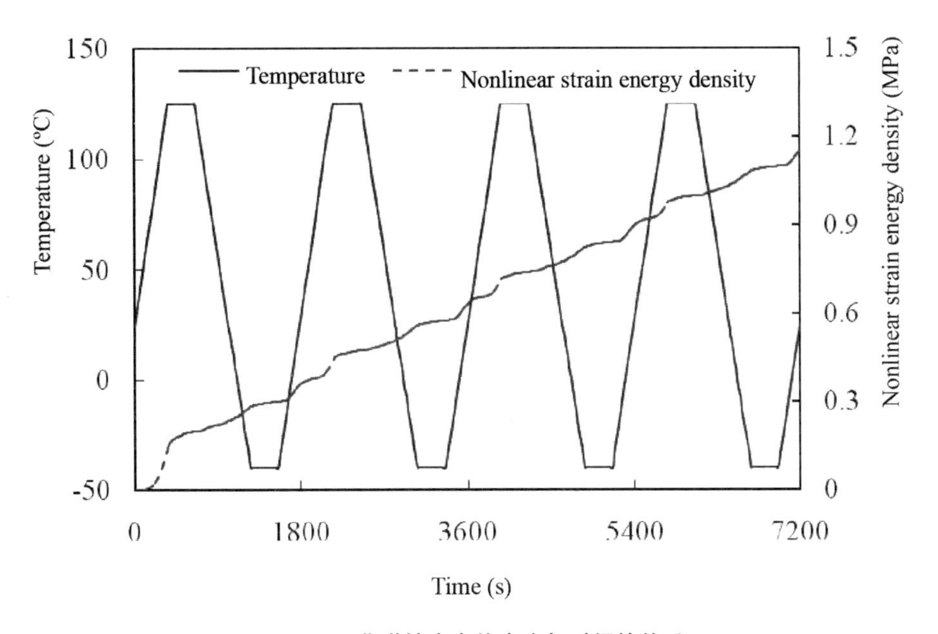

图 6－9　非弹性应变能密度与时间的关系

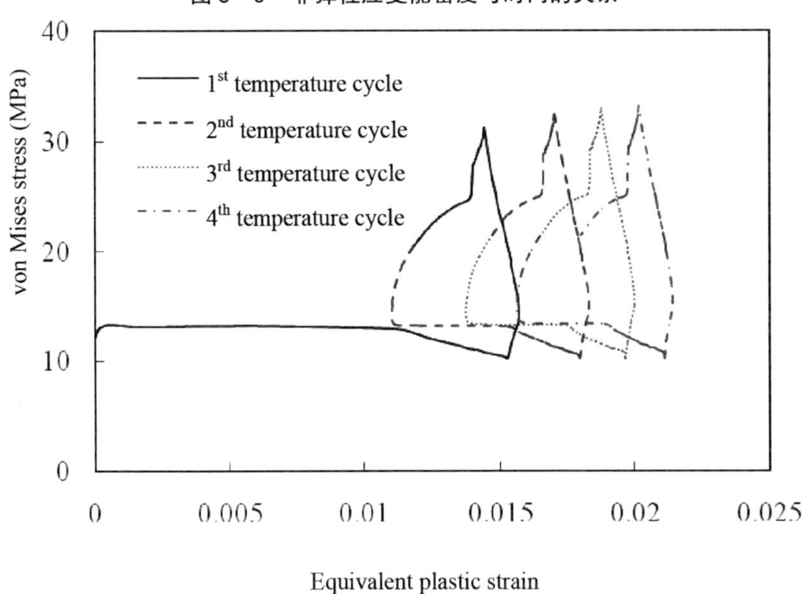

图 6－10　应力－应变迟滞回线

由于热疲劳寿命的计算需提取焊点的关键位置处达到稳定后的单个温度循环累积的等效塑性应变或非弹性应变能密度，因此判断焊点是否、何时达到稳定状态对于热疲劳寿命的准确计算至关重要。

需要特别说明的是，单个温度循环累积的等效塑性应变为在该温度循环内等效塑性应变最大值与最小值的差值，而单个温度循环累积的非弹性应变能密度为在该温度循环内迟滞回线环围成的面积。从图 6－11 可以看到，随着温度循环载荷的进行，第 4 个温度循环累积的等效塑性应变和非弹性应变能密度即达到稳定。

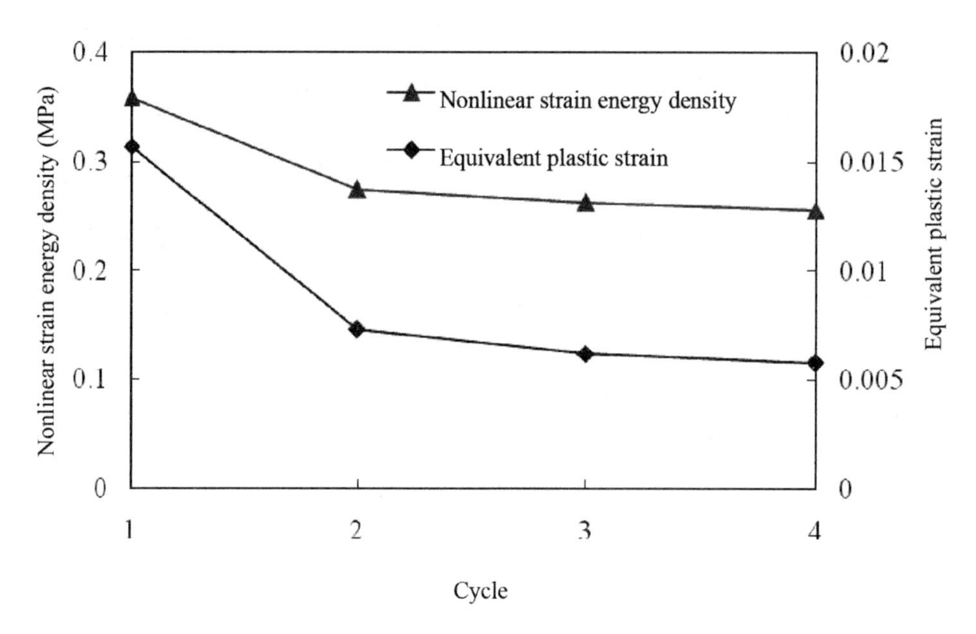

图 6－11 单个温度循环累积的等效塑性应变和非弹性应变能密度

现有的焊点热疲劳寿命计算方法主要为基于能量或者应变的预测模型，并且针对不同的焊料和封装类型演化出众多不同的预测模型。在基于能量（或应变）的疲劳寿命预测模型中，通过计算稳定迟滞环的非弹性应变能密度（或等效塑性应变），建立非弹性应变能密度（或等效塑性应变）与疲劳寿命的关系，得到热疲劳寿命。采用基于应变的 Coffin-Manson 疲劳寿命预测模型[128]计算 VQFN68L 封装焊点的热疲劳寿命，其表达式为：

$$N_{\mathrm{f}} = \frac{1}{2}\left(\frac{\Delta\gamma_p}{2\varepsilon'_f}\right)^{1/c} \tag{6-5}$$

$$\Delta\gamma_p = \sqrt{3}\Delta\varepsilon_p \tag{6-6}$$

式中：N_{f} 为热疲劳寿命；$\Delta\gamma_p$ 为塑性剪应变范围；$\Delta\varepsilon_p$ 为等效塑性应变范围；$\varepsilon'_{\mathrm{f}}$ 为疲劳延展系数，取值 0.325；c 为疲劳延展指数，取值 －0.57[129]。等效塑性应变范围 $\Delta\varepsilon_p$ 为图 6－11 中第 4 个温度循环累积的等效塑性应变，通过测量得到其值为 0.0058。将 $\Delta\varepsilon_p$ 代入式（6－5），即得到初始设计情况下 VQFN68L 封装的热疲劳寿命为 767 次。

6.4 多圈 QFN 封装焊点热疲劳寿命的实验设计

为了研究材料属性、几何结构和温度载荷对 VQFN68L 封装热疲劳寿命的影响，共选取 13 个设计变量进行单一因子分析，如表 6－4 所示。每个设计变量具有 3 个水平，其中水平 2 为初始设计情况下设计变量采用的值。

在单一因子分析方法中，采用有限元方法分析各设计变量对热疲劳寿命的影响。当改变其中一个因子水平时，其余因子采用其水平 2 对应的初始设计值。当设计变量对热疲劳寿命的影响程度达到20%时，认为该设计变量具有重要影响，在后续的实验设计中将进一步进行分析。

经单一因子分析发现，在 13 个设计变量中有 8 个设计变量将进一步进行分析，分别为温度循环范围（*A*）、芯片厚度（*C*）、PCB 的热膨胀系数（*E*）、塑封料的热膨胀系数（*F*）、粘片胶厚度（*I*）、焊点高度（*J*）、焊点的热膨胀系数（*K*）和芯片载体厚度（*M*），如表 6－4 中加粗显示的设计变量。

表 6－4　热疲劳分析的工艺参数及其水平

Design variables	Factors	Levels		
		1	2	3
Temperature cycling range (℃)	*A*	－30 ~ 115	－40 ~ 125	－50 ~ 135
Mean temperature (℃)	*B*	38. 5	42. 5	46. 5
Die_ Thickness (mm)	*C*	0. 15	0. 2	0. 25
Die_ CTE (10^{-6}/℃)	*D*	2. 2	2. 8	3. 4
PCB_ CTE (10^{-6}/℃)	*E*	15. 3	17. 3	19. 3
EMC_ CTE (10^{-6}/℃)	*F*	6	7. 5	9
EMC_ Thickness (mm)	*G*	0. 65	0. 7	0. 75
Dieattach_ CTE (10^{-6}/℃)	*H*	51	61	71
Die attach_ Thickness (mm)	*I*	0. 015	0. 02	0. 025
Solder joint_ Height (mm)	*J*	0. 1	0. 2	0. 3
Solder joint_ CTE (10^{-6}/℃)	*K*	20	25	30
Die pad_ CTE (10^{-6}/℃)	*L*	15. 3	17. 3	19. 3
Die pad_ Thickness (mm)	*M*	0. 15	0. 2	0. 25

对经过单一因子分析选出的 8 个设计变量进行基于有限元数值模拟的实验设计。采用基于数值模拟的田口正交实验设计方法建立正交表 L_{27}（3^8），共进行 27 组实验，其中每个设计变量具有 3 个水平。选取 VQFN68L 封装的热疲劳寿命作为目标函数。为了分析各设计变量对最大翘曲的影响效应，在实验设计分析中将热疲劳寿命转化为信噪比作为目标函数。由于封装的热疲劳寿命越大，其可靠性越高，因此采用基于望大特性的信噪比公式，其表达式为：

$$S/N = -10 \times \log\left\{\frac{1}{n}\sum_{i=1}^{n}\frac{1}{y_i^2}\right\} \tag{6-7}$$

式中：n 为每种组合的重复实验次数，由于采用基于有限元数值模拟的虚拟实验，因此 n 取值1；y_i 为每种设计组合情况下的热疲劳寿命。由每种组合实验计算信噪比，建立设计变量的信噪比平均效应响应，即将各设计变量同一水平的信噪比进行平均，信噪比平均效应的计算表达式为：

$$M_{ij} = \frac{1}{N}\sum_{k=1}^{N} y_{ijk} \tag{6-8}$$

式中：ij 为 i 设计变量 j 水平；M_{ij} 为 i 设计变量在 j 水平条件下信噪比的平均值，即平均效应；y_{ijk} 为 i 设计变量在 j 水平条件下第 k 组实验的信噪比；N 为 i 设计变量在 j 水平条件下的实验组数。每种组合情况的热疲劳寿命和信噪比平均效应如表 6 – 5 所示。计算得到各设计变量及其水平的信噪比平均效应结果如表 6 – 6 和图 6 – 12 所示。

表 6 – 5　实验结果和信噪比

Experimental run	Factors and levels								N_f	S/N (dB)
	A	*C*	*E*	*F*	*I*	*J*	*K*	*M*		
1	1	1	1	1	1	1	1	1	214	46.61
2	1	1	1	1	2	2	2	2	514	54.22
3	1	1	1	1	3	3	3	3	276	48.82
4	1	2	2	2	1	1	1	2	164	44.30
5	1	2	2	2	2	2	2	3	325	50.24
6	1	2	2	2	3	3	3	1	429	52.65
7	1	3	3	3	1	1	1	3	481	53.64
8	1	3	3	3	2	2	2	1	150	43.52
9	1	3	3	3	3	3	3	2	1523	63.65
10	2	2	2	3	1	2	3	1	849	58.58
11	2	2	2	3	2	3	1	2	491	53.82
12	2	2	2	3	3	1	2	3	297	49.46
13	2	3	3	1	1	2	3	2	51	34.15
14	2	3	3	1	2	3	1	3	441	52.89
15	2	3	3	1	3	1	2	1	45	33.06
16	2	1	1	2	1	2	3	3	1760	64.91
17	2	1	1	2	2	3	1	1	159	44.03
18	2	1	1	2	3	1	2	2	101	40.09
19	3	3	2	2	1	3	2	1	287	49.16
20	3	3	2	2	2	1	3	2	84	38.49
21	3	3	2	2	3	2	1	3	69	36.78
22	3	1	3	3	1	3	2	2	981	59.83
23	3	1	3	3	2	1	3	3	212	46.53
24	3	1	3	3	3	2	1	1	4153	72.37
25	3	2	1	1	1	3	2	3	175	44.86
26	3	2	1	1	2	1	3	1	36	31.13
27	3	2	1	1	3	2	1	2	85	38.59

表 6 –6　设计变量的信噪比平均效应

	A	*C*	*E*	*F*	*I*	*J*	*K*	*M*
Level 1	50.85	48.44	53.04	42.70	50.67	42.59	49.22	47.90
Level 2	47.89	49.56	47.07	46.74	46.10	50.37	47.16	47.46
Level 3	46.41	47.16	45.04	55.71	48.38	52.19	48.77	49.79
Delta	4.44	2.40	8.01	13.01	4.58	9.60	4.44	2.33
Rank	5	6	3	1	4	2	8	7
Opt Level	1	2	1	3	1	3	1	3

从表 6 –6 和图 6 –12 可以看到，塑封料的热膨胀系数（*F*）、焊点高度（*J*）、PCB 的热膨胀系数（*E*）对热疲劳寿命及其信噪比的影响最为重要，其次为粘片胶厚度（*I*）、温度循环范围（*A*）、芯片厚度（*C*）、焊盘厚度（*M*）和焊点的热膨胀系数（*K*）。通过实验设计得到的设计变量的最优组合设计为 *A*1*C*2*E*1*F*3*I*1*J*3*K*1*M*3。

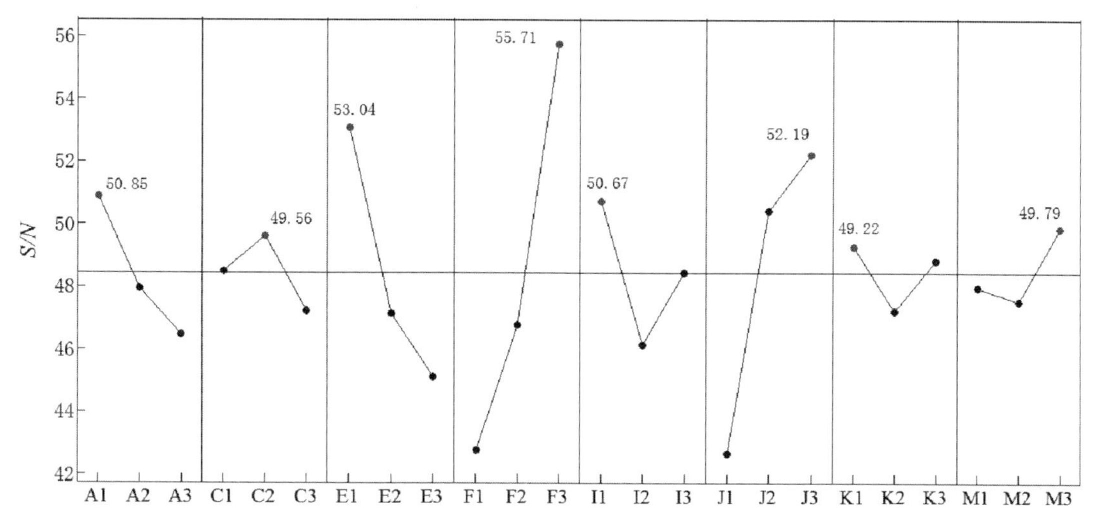

图 6 –12　信噪比平均效应

表 6 –7　热疲劳寿命的变异分析

Design variables	DF	Seq SS	Adj SS	Adj MS	F	P	Confidence
Temperature cycling range (℃)				Pooled			
Die_ Thickness (mm)				Pooled			
PCB_ CTE (10^{-6}/℃)	2	311.79	311.79	155.90	2.88	0.080	92.00 %
EMC_ CTE (10^{-6}/℃)	2	798.10	798.10	399.05	7.36	0.004	99.60 %
Die attach_ Thickness (mm)				Pooled			
Solder joint_ Height (mm)	2	468.30	468.30	234.15	4.32	0.028	97.20 %
Solder joint_ CTE (10^{-6}/℃)				Pooled			
Die pad_ Thickness (mm)				Pooled			
Error	20	1084.37	1084.37	54.22			
Total	26	2662.56					

为了确认各设计变量对 VQFN68L 封装热疲劳寿命是否具有显著影响，以及排除偶然误差造成的影响，采用变异分析方法进行分析评估。设置设计变量显著性的信心水平为 90%，通过两次变异分析，将无明显显著性的设计变量并入误差项，结果如表 6－7 所示。研究发现塑封料的热膨胀系数、焊点高度和 PCB 的热膨胀系数共 3 个设计变量对热疲劳寿命的影响具有显著性。

采用有限元方法对设计变量的最优组合设计进行验证和分析。研究发现，最优组合设计情况下的关键焊点和关键位置与初始设计情况下的一致，如图 6－3 和图 6－4 所示。

对比分析初始设计和最优组合设计情况下，关键位置处节点的等效塑性应变，如图 6－13 所示。可以看到，在最优组合设计情况下，等效塑性应变明显减小，而且在每个温度循环累积的等效塑性应变，即等效塑性应变范围 $\Delta\varepsilon_p$ 也明显减小。

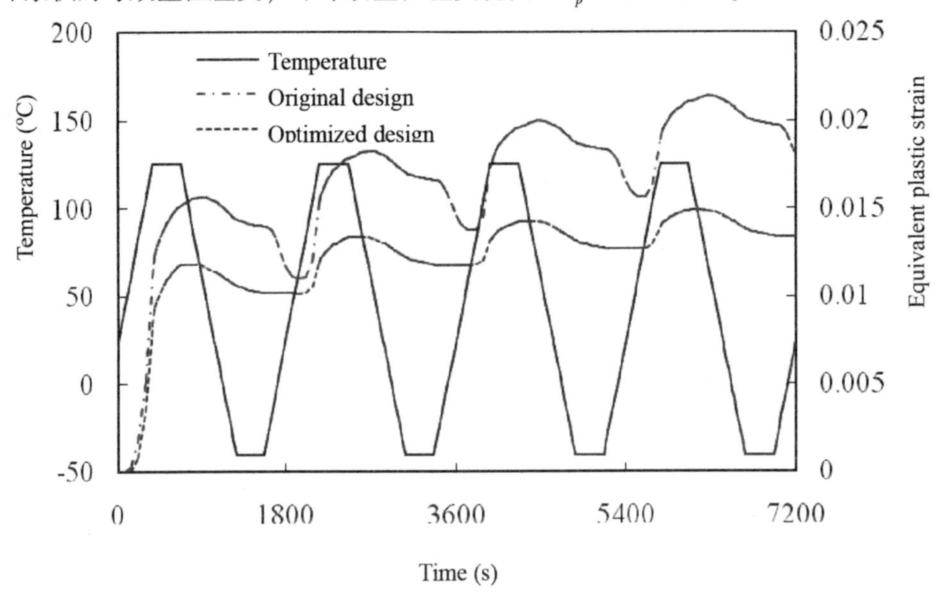

图 6－13　初始设计和最优组合设计情况下的等效塑性应变

计算得到最优因子组合设计情况下，第 4 个温度循环累积的等效塑性应变为 0.0022，代入式（6－5），得到热疲劳寿命为 4165 次。初始设计和最优组合设计情况下的热疲劳寿命结果比较，以及相应的设计变量和水平如表 6－8 所示。

表 6－8　初始设计和最优组合设计的热疲劳寿命比较

Designoption	Design variables and levels								N_f
	A	*C*	*E*	*F*	*I*	*J*	*K*	*M*	
Original	2	2	2	2	2	2	2	2	767
Optimization	1	2	1	3	1	3	1	3	4165

从表 6－8 可以看出，设计变量的最优组合设计可将 VQFN68L 封装的热疲劳寿命由初始设计情况下的 767 次提高到 4165 次，为初始设计情况下的 5.43 倍，有效提升了 443%。

6.5 焊料本构模型和有限元模型对多圈 QFN 封装热疲劳寿命的影响

本节以 VQFN68L 封装为研究对象，重点研究不同 SnAgCu 焊料本构模型和有限元模型对多圈 QFN 封装热疲劳寿命的影响，为仿真分析中材料本构模型和有限元模型的合理选取提供依据。对比分析的焊料本构模型分别为 Anand 模型、Hyperbolic sine 模型和 Double power 模型。

采用的 Anand 模型表达式为式（6-1）～（6-4），所用材料参数如表 6-1 所示。

采用的 Hyperbolic sine 模型常用于描述焊料的稳态蠕变行为，如式（6-9）所示。

$$\dot{\varepsilon}_{cr} = C_1[\sinh(C_2\sigma)]^{C_3}e^{-C_4/T} \tag{6-9}$$

式中 $C_1 \sim C_4$ 为模型的材料参数，其值如表 6-9 所示。

表 6-9 SnAgCu 焊料的 Hyperbolic sine 模型的材料参数表[131]

C_1	C_2	C_3	C_4
277984	0.02447	6.41	6500

采用的 Double power 模型同样用于描述焊料的稳态蠕变行为，如式（6-10）所示。

$$\varepsilon_{cr} = C_1\sigma^{C_2}t^{C_3+1}e^{-C_4/T}/(C_3+1) + C_5\sigma^{C_6}te^{-C_7/T} \tag{6-10}$$

式中 $C_1 \sim C_7$ 为模型的材料参数，其值如表 6-10 所示。

表 6-10 SnAgCu 焊料的 Double power 模型的材料参数表[132]

C_1	C_2	C_3	C_4	C_5	C_6	C_7
4E-7	3	0	3223	1E-12	12	7348

在对比焊料的本构模型对热疲劳寿命影响的研究中，采用的有限元模型为三维 1/4 有限元模型，如图 6-14 所示。

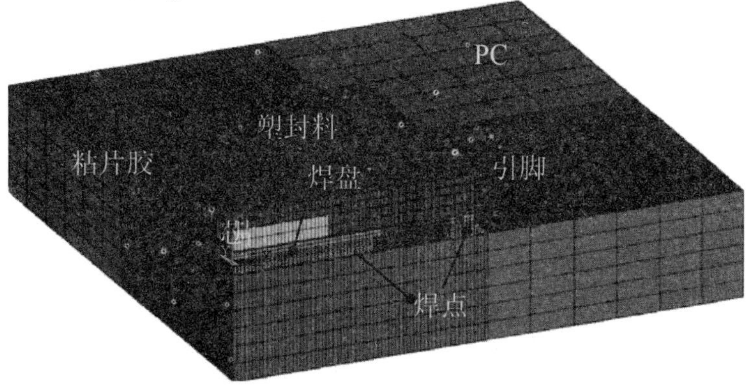

图 6-14 VQFN68L 热疲劳寿命分析的三维 1/4 有限元模型

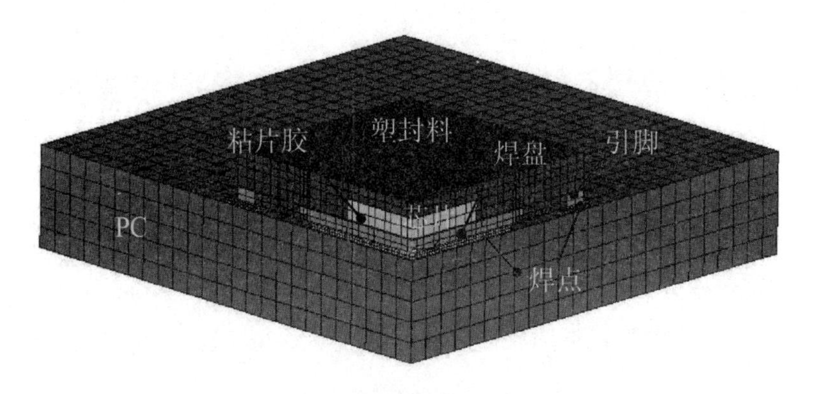

图 6 - 15　具有约束方程的 VQFN68L 热疲劳寿命分析的三维 1/4 有限元模型

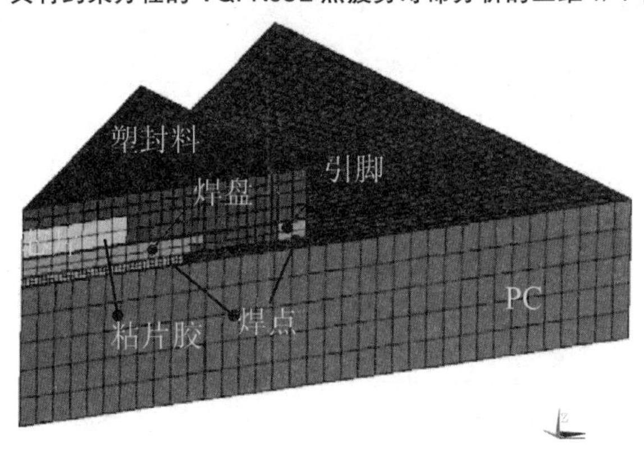

图 6 - 16　具有约束方程的 VQFN68L 热疲劳寿命分析的三维 1/8 有限元模型

对比分析的有限元模型分别为三维 1/4 有限元模型、具有约束方程的三维 1/4 有限元模型和具有约束方程的三维 1/8 有限元模型，其中三维 1/4 有限元模型如图 6 - 14 所示，具有约束方程的三维 1/4 有限元模型和具有约束方程的三维 1/8 有限元模型分别如图 6 - 15 和图 6 - 16 所示。在具有约束方程的有限元模型中，具有不同网格密度的材料通过约束方程耦合在一起。

在对比不同有限元模型对热疲劳寿命影响的研究中，焊料采用的本构模型为 Hyperbolic sine 模型，相应的材料参数如表 6 - 11 所示。

表 6 - 11　VQFN68L 封装热疲劳寿命分析的材料参数表

材料	弹性模量（MPa）	泊松比	热膨胀系数（ppm/℃）
SnAgCu[133]	61251 - 58.5T（K）	0.36	20.0
芯片	131000	0.28	2.8
粘片胶	1200	0.35	135
引线框架	117000	0.34	17.3
塑封料	20000	0.30	10
PCB	23000	0.28	17.0（x，y） 80.0（z）

设置初始温度为 125℃，对整个有限元模型施加温度循环载荷 -40℃ ~125℃，其中高/低温驻留时间各为 15 分钟，升/降温时间各为 15 分钟，1 个小时完成一个温度循环，共施加 4 个温度循环载荷。除焊料之外，其他材料均采用线弹性本构模型，材料参数如表 6-11 所示。

温度循环载荷完成后，研究焊点的等效塑性应变分布，以确定关键焊点的位置。发现无论在不同焊料本构模型、有限元模型情况下，关键焊点均位于外圈焊点的角点位置，如图 6-17 所示。

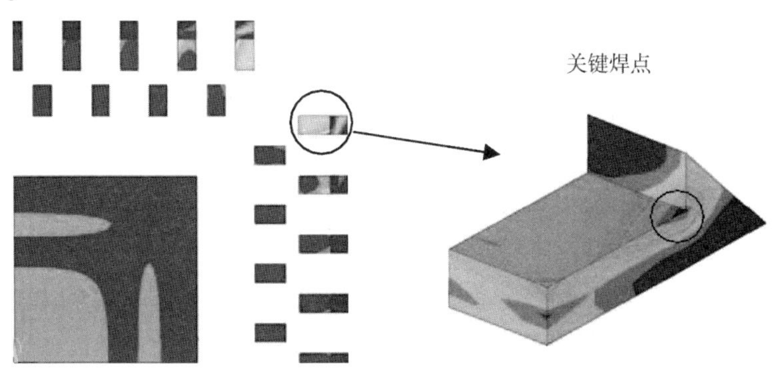

图 6-17　VQFN68L 封装焊点的等效塑性应变分布及其关键焊点位置示意图

采用 Zhu 等人[134]的基于能量的寿命预测模型计算焊点的疲劳寿命，如式　（6-11）所示。

$$N_{cha} = 741.37(\Delta W_{acc})^{-0.3902} \tag{6-11}$$

式中，N_{cha}为特征寿命，ΔW_{acc}为最后一个温度循环累计的非弹性应变能密度。为了消除应力奇异性和网格密度的影响，采用体积平均技术计算关键焊点的顶层单元在每个温度循环累计的非弹性应变能密度，如式（6-12）所示。

$$\Delta W_{ave} = \frac{\sum \Delta W \cdot V}{\sum V} \tag{6-12}$$

式中，ΔW_{ave}为关键焊点的顶层单元在每个温度循环累计的非弹性应变能密度，V 为每个单元的体积，ΔW 为每个单元在每个温度循环累计的非弹性应变能密度。通过式（6-12）获得最后一个温度循环关键焊点顶层单元累计的非弹性应变能密度，代入式（6-11）求得热疲劳寿命。不同焊料本构模型情况下 VQFN68L 封装的热疲劳寿命如图 6-18 所示。通过比较可以发现，采用 Hyperbolic sine 模型情况下的热疲劳寿命最低，其次为采用 Double power law 模型下的寿命，采用 Anand 模型情况下的热疲劳寿命最高。可见，合理的选择焊料本构模型对于准确预测封装的热疲劳寿命至关重要。

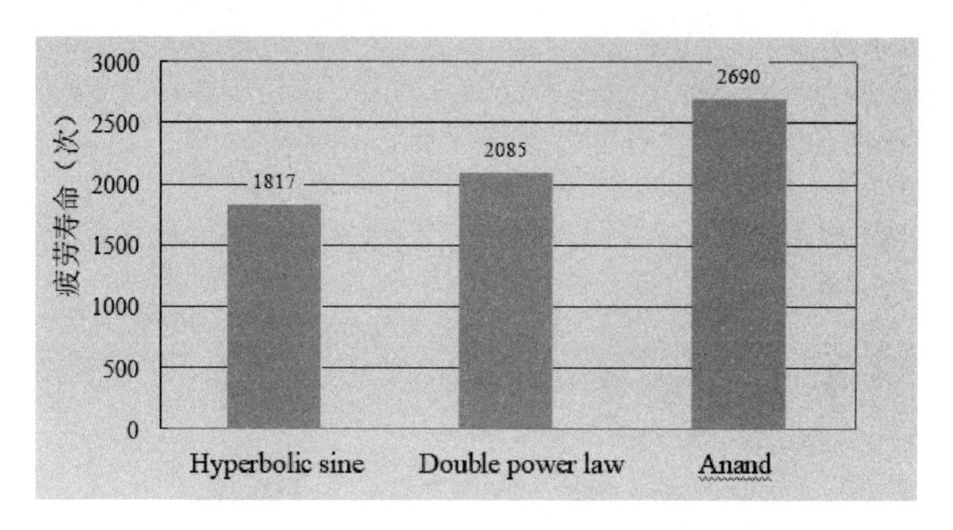

图 6－18　不同焊料本构模型情况下 VQFN68L 封装的热疲劳寿命

不同有限元模型情况下 VQFN68L 封装的热疲劳寿命如图 6－19 所示。研究发现，采用三维 1/4 有限元模型、具有约束方程的三维 1/4 有限元模型和具有约束方程的三维 1/8 有限元模型情况下的热疲劳寿命差异不大，其中采用三维 1/4 有限元模型情况的寿命略高于其他两种有限元模型下的寿命。可见，具有约束方程的有限元模型可用于封装热疲劳寿命的预测。

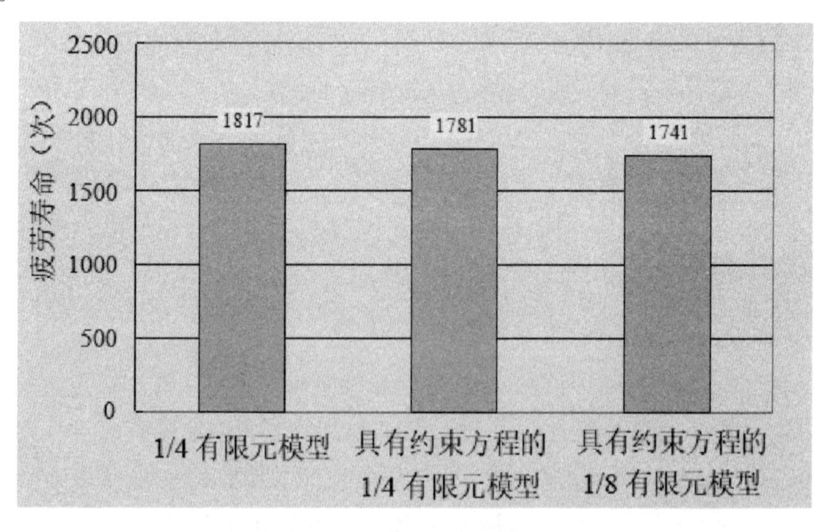

图 6－19　不同有限元模型情况下 VQFN68L 封装的热疲劳寿命

6.6　多圈 QFN 与普通 QFN 封装的热疲劳寿命有限元对比分析

本节采用有限元方法对比分析多圈的 VQFN68L 封装和普通的 QFN68L 封装在温度循环下的热疲劳寿命。

焊料的本构模型采用前一节中的 Hyperbolic sine 模型。除焊料之外，其他材料均采用线弹性本构模型，与前一节中一致。

由于几何结构的对称性，采用有限元仿真软件 ANSYS 分别建立 VQFN68L 和 QFN68L 封装的三维 1/4 有限元模型，其中包括封装、PCB 和焊点。VQFN68L 封装的板级有限元模型如前一节中图 6-14 所示，QFN68L 封装的板级有限元模型如图 6-20 所示。

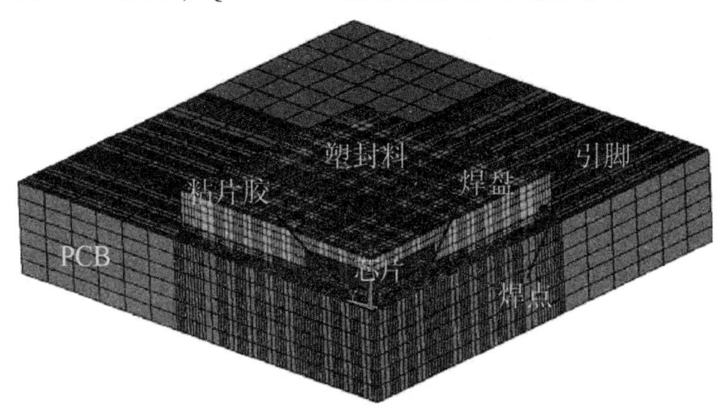

图 6-20　QFN68L 封装三维 1/4 有限元模型

设置初始温度为 125℃，对整个有限元模型施加温度循环载荷 -40℃ ~125℃，其中高/低温驻留时间各为 15 分钟，升/降温时间各为 15 分钟，1 个小时完成一个温度循环，共施加 4 个温度循环载荷。温度循环载荷完成后，研究焊点的等效塑性应变分布，以确定关键焊点的位置。关键焊点位于角点位置，如图 6-21 所示。

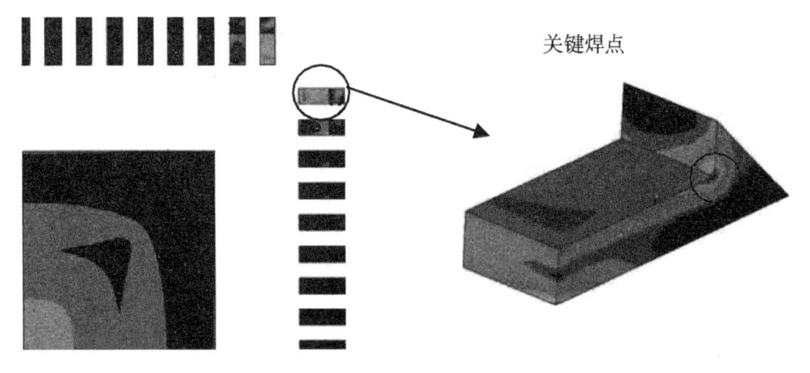

图 6-21　QFN68L 封装焊点的等效塑性应变分布及其关键焊点位置示意图

同样地，采用基于能量的寿命预测模型计算热疲劳寿命。采用体积平均技术计算关键焊点的顶层单元在每个温度循环累计的塑性应变能密度，如前一节方法所示。

VQFN68L 封装和 QFN68L 封装在温度循环下焊点的热疲劳寿命如图 6-22 所示。研究发现，QFN68L 封装的热疲劳寿命略大于 VQFN68L 封装的热疲劳寿命。

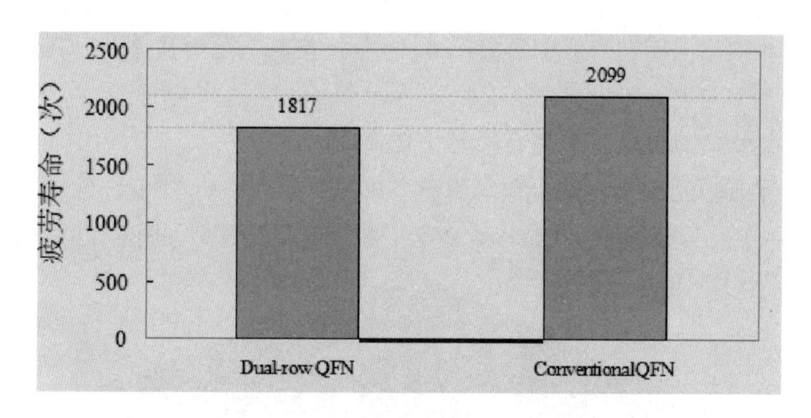

图 6－22　VQFN68L 封装和 QFN68L 封装焊点的热疲劳寿命

6.7　本章小结

本章采用基于有限元数值模拟的实验设计方法，采用单一因子方法和田口实验设计方法研究材料属性、几何结构和温度载荷条件等设计变量对多圈 QFN 封装焊点热疲劳寿命的影响，进行了设计变量的优化组合设计，并比较了初始设计和最优组合设计情况下焊点的热疲劳寿命。研究表明：PCB 的热膨胀系数、焊点高度和塑封料的热膨胀系数是影响多圈 QFN 封装热疲劳寿命的显著设计变量。设计变量的最优组合设计可有效提高多圈 QFN 封装焊点的热疲劳寿命。

本节采用有限元方法研究了焊料本构模型、有限元模型对 VQFN68L 封装热疲劳寿命的影响，主要得出以下结论：

（1）对于焊料本构模型，采用 Anand 模型计算得到的寿命最高，其次为 Double power law 模型，采用 Hyperbolic sine 模型计算得到的寿命最低；

（2）对于有限元模型，采用三维 1/4 有限元模型、具有约束方程的三维 1/4 有限元模型和具有约束方程的三维 1/8 有限元模型情况下的热疲劳寿命差异不大，其中采用三维 1/4 有限元模型情况的寿命略高于其他两种有限元模型下的寿命。

第7章 多圈QFN封装散热性能设计

7.1 引　言

电子封装在服役过程中，芯片将不可避免的产生热量。随着热量的不断累积，如果没有有效的传输通道将热量导出封装体外，封装体内部的温度将会不断升高，温度的升高不但会改变电子器件的电学参数，导致电性能急剧下降，而且还会引起应力、翘曲和焊点热疲劳破坏等可靠性问题。随着芯片功率的不断增大、电子封装尺寸持续减小，封装体内的热流密度不断升高，由于散热引起的电性能和可靠性问题愈发严重。因此，为降低电子封装的工作温度，改善电性能，提高可靠性，对电子封装进行散热性能设计是必不可少的。

本章采用计算流体动力学方法计算初始设计情况下多圈QFN封装的结点温度和热阻。采用单一因子方法探讨芯片尺寸、粘片胶厚度、塑封体厚度、焊点高度、PCB中各金属层Cu含量和PCB尺寸等结构参数，粘片胶的热导率和塑封料的热导率等材料参数，以及外部环境温度和强制对流风速等工艺参数对热阻的影响。采用响应曲面方法进行散热性能设计，建立热阻的预测模型，得到热阻最小化的最优组合设计。

7.2 基于计算流体动力学的散热分析

采用计算流体动力学（CFD）软件FLOTHERM对双圈引脚排列的VQFN68L封装散热性能进行数值模拟研究，建立的VQFN68L封装组件如图7－1所示。

芯片的大小为3 mm × 3 mm，芯片厚度为0.3 mm，粘片胶的厚度为0.03 mm，塑封体的厚度为0.7 mm。PCB的尺寸按照JEDEC标准选取2S2P标准测试板，尺寸为114.3 mm × 76.2 mm × 1.6 mm，PCB中各金属层的厚度从上到下依次为2oz/1oz/1oz/2oz，各金属层的Cu含量从上到下依次设定为20%/70%/70%/5%。VQFN68L封装表面贴装在PCB上形成的焊点高度为0.1 mm。将封装内部的Cu键合引线等效为具有相同热性能的Cu板。

设定芯片的功率为1 W，作为散热分析的热源，将功率均匀加载在整个芯片上，即转化为芯片的热生成率。封装内部各材料之间通过热传导的方式进行热量传输，服从傅立叶传热定律；封装外表面通过与空气的对流进行散热，其中对流的热量传输服从牛顿冷却定

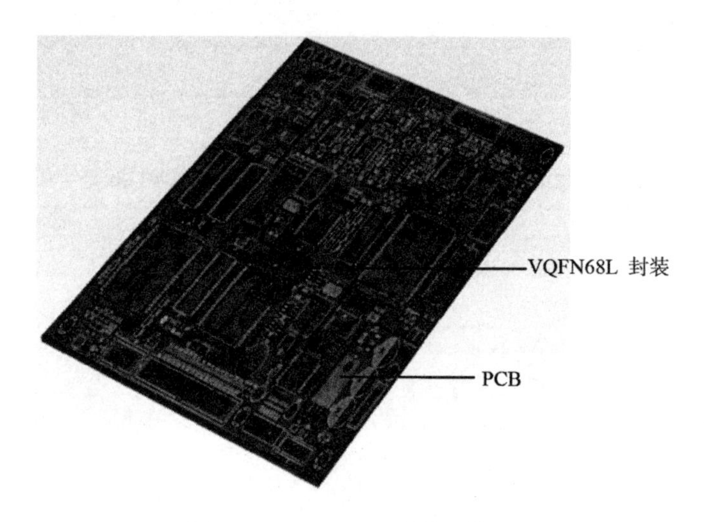

图 7-1　VQFN68L 封装组件图

律。假设塑封料、粘片胶和焊料等封装材料结构完整，无空洞等缺陷存在。假设封装各材料为各向同性材料，热导率如表 7-1 所示。

表 7-1　封装材料的热导率

Materials	Thermal conductivity (W/(m·℃))	
EMC	1.5	
Die	147	
Die attach	2	
Die pad	260	
Solder	70	
PCB	% Cu	388 × % Cu
	FR-4	0.3

VQFN68L 封装散热性能分析的 CFD 模型如图 7-2 所示。由于封装各结构的尺寸较小，而 PCB 相对较大，所以在划分网格时要对 VQFN68L 封装和焊点结构进行较细的网格划分。

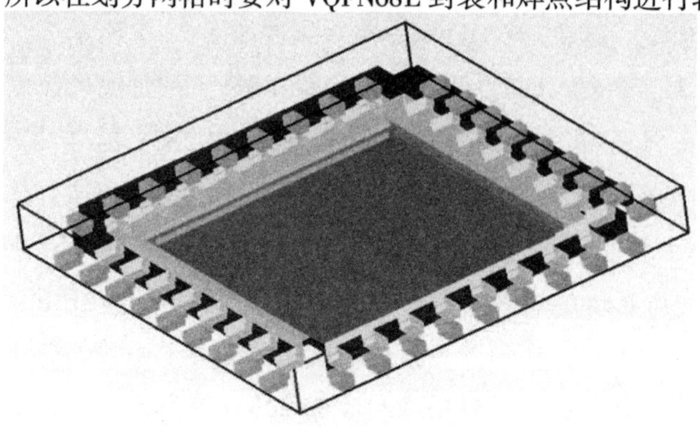

图 7-2　VQFN68L 封装的 CFD 模型

网格划分如图 7－3 所示，其中图 7－3（a）为整体网格视图，图 7－3（b）为局部网格视图。网格总数为 2083895，最小网格尺寸为 2.7432×10^{-3} mm。

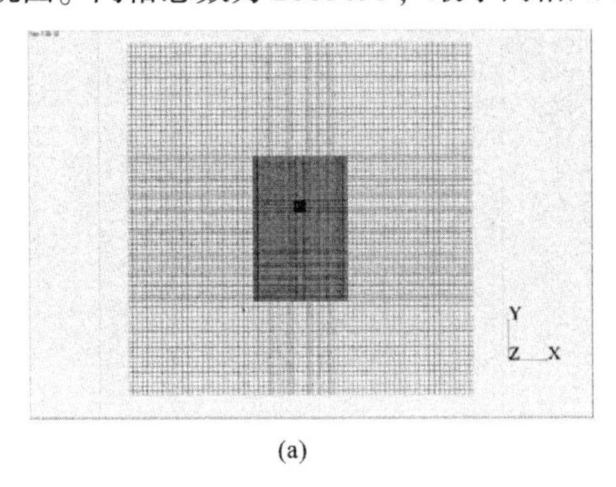

(a)

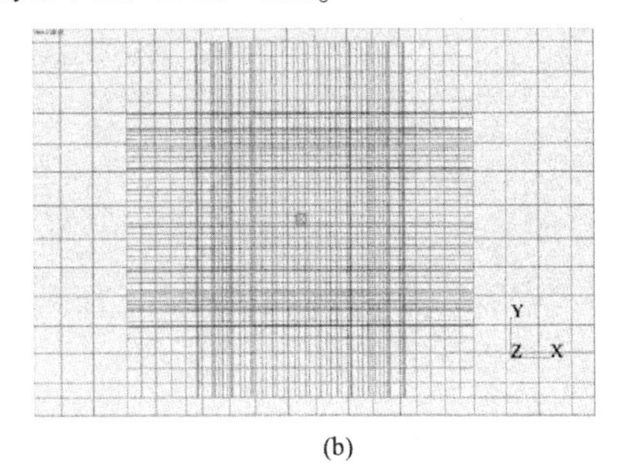

(b)

图 7－3　散热性能分析的网格划分

（a）整体视图　（b）局部视图

设定外部环境温度为 30℃，自然对流情况下，计算得到整体的温度场分布如图 7－4 所示。可以看到，VQFN68L 封装附近的区域的温度较高，离封装越远，温度越低，PCB 最远端的温度等于环境温度。

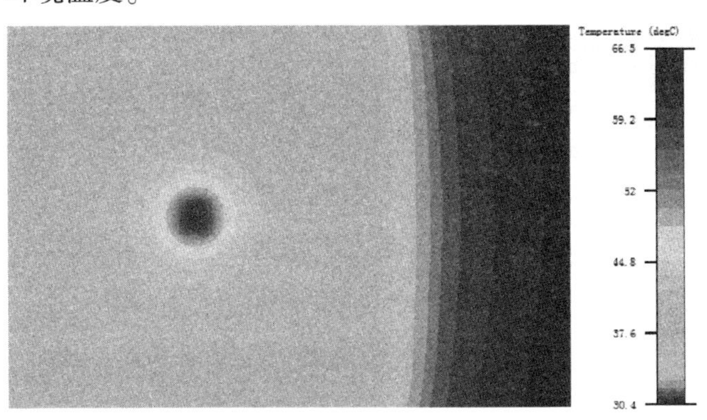

图 7－4　自然对流情况下的温度场分布

VQFN68L 封装附近区域的剖面温度分布如图 7－5 所示，可以看到，最高温度位于芯片上，芯片产生的热量大部分以传导的方式通过粘片胶、芯片载体、焊点和 PCB，并由 PCB 主要以对流的方式散出；其余的热量由与空气接触的塑封体、芯片载体、引脚和焊点以对流的方式散出。在自然对流情况下，芯片的温度场分布如图 7－6 所示，可以看到，芯片的最高温度，即结点温度为 66.52℃，位于芯片中央位置，往芯片边缘位置温度逐渐减少。

通过采用热阻来评价散热性能的高低，这里采用芯片到外部环境的热阻 θ_{ja} 作为评价指标，其表达式为：

$$\theta_{\mathrm{ja}} = \frac{T_{\mathrm{j}} - T_{\mathrm{a}}}{P} \tag{7-1}$$

图7－5 自然对流情况下的剖面温度场分布

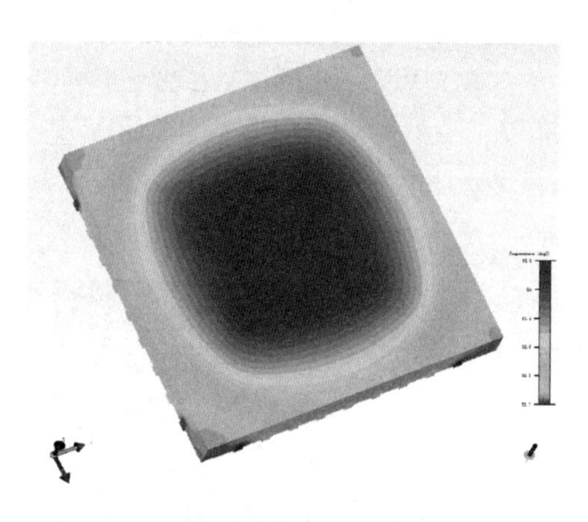

图7－6 自然对流情况下芯片温度场分布

式中：θ_{ja} 为芯片到外部环境的热阻；T_j 为芯片结点温度，值为 66.52℃；T_a 为外部环境温度，值为 30℃；P 为芯片的功率，值为 1 W。计算得到在自然对流情况下，热阻 θ_{ja} 为 36.52℃/W。

根据牛顿冷却定律，得出分析模型在热平衡时散热分布如表 7－2 所示。可以看出，散出的热量总和为 0.982 W，与芯片功耗 1 W 基本平衡，误差仅有 1.8%。热量主要由 PCB 散出，占总散热量的 97.1%，这是因为芯片产生的热量绝大部分以传导的方式传递到 PCB，而且 PCB 的面积相对较大，对流是 PCB 主要的散热方式。由塑封体上表面散出的热量仅为 0.011 W。

表7－2 封散热量分配表

Location	Heat flow net (W)
PCB	0.971
The top surface of EMC	0.011

7.3 多圈 QFN 封装散热性能的单一因子分析

采用计算流体动力学方法，研究芯片尺寸、粘片胶厚度、塑封体厚度、焊点高度、PCB 中各金属层 Cu 含量、PCB 尺寸等结构参数，粘片胶热导率、塑封料热导率等材料参数以及外部环境温度和强制对流风速等工艺参数对 VQFN68L 封装结点温度和热阻 θ_{ja} 的影响。各设计变量及其水平如表 7-3 所示，其中每个设计变量具有 5 个水平，其中水平 3 为上节数值计算采用的设计变量值。采用单一因子分析方法进行研究，即一次改变一个设计变量，其他设计变量取水平 3 并保持不变。需要特别说明的是，表 7-3 中 PCB 中各金属层 Cu 含量和 PCB 尺寸值为各自设计变量水平 3 的相对值。

表 7-3 散热性能分析的设计变量及其水平

Design varibables	Levels				
	1	2	3	4	5
Die_ Length (mm)	1	2	3	4	5
Die_ Thickness (mm)	0.1	0.2	0.3	0.4	0.5
Die attach_ Thickness (mm)	0.01	0.02	0.03	0.04	0.05
EMC_ Thickness (mm)	0.60	0.65	0.70	0.75	0.80
Solder joint_ Height (mm)	0.05	0.075	0.10	0.125	0.15
Relativecontent of Cu (-)	60%	80%	100%	120%	140%
Relativesize of PCB (-)	60%	80%	100%	120%	140%
Die attach_ Thermal conductivity (W/(m·℃))	0.1	0.5	2.0	5.0	10.0
EMC_ Thermal conductivity (W/(m·℃))	0.5	1.0	1.5	2.0	2.5
Environment temperature (℃)	10	20	30	40	50
Wind speed (m/s)	1	2	0	3	4

芯片长度对芯片结点温度和热阻 θ_{ja} 的影响如图 7-7 所示。芯片长度越大，结点温度和热阻 θ_{ja} 均大幅度减小，但是随着芯片长度的进一步增大，影响的程度在减小。

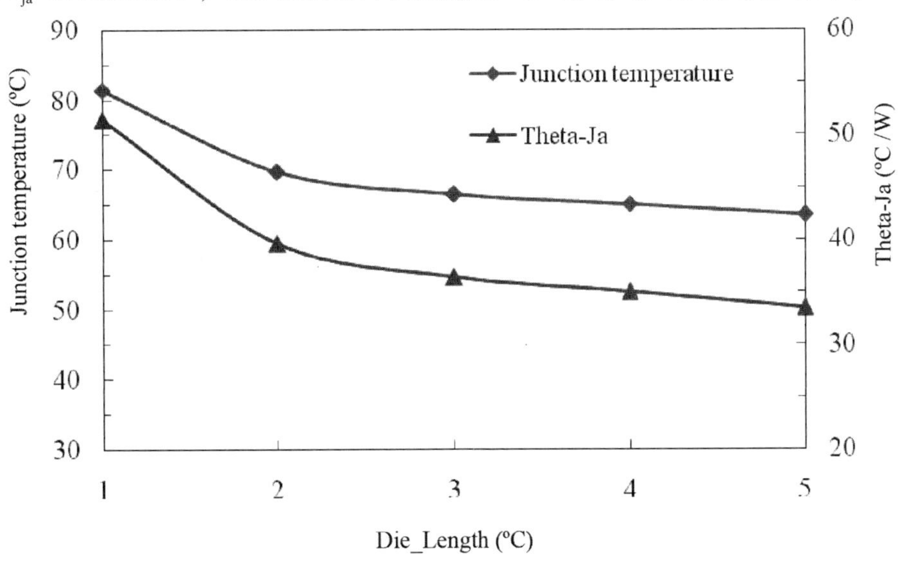

图 7-7 芯片长度对散热性能的影响

芯片厚度和粘片胶厚度对芯片结点温度和热阻 θ_{ja} 的影响分别如图 7 – 8 和图 7 – 9 所示。随着芯片厚度和粘片胶厚度的增大，结点温度和热阻 θ_{ja} 有轻微的增大，但增大的幅度不明显，说明芯片厚度和粘片胶厚度对散热性能无显著影响。

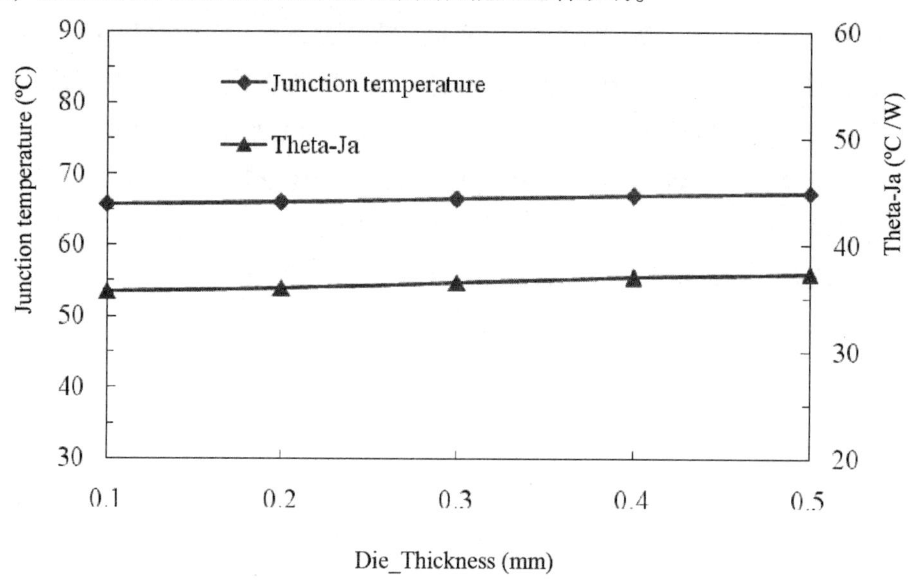

图 7 – 8　芯片厚度对散热性能的影响

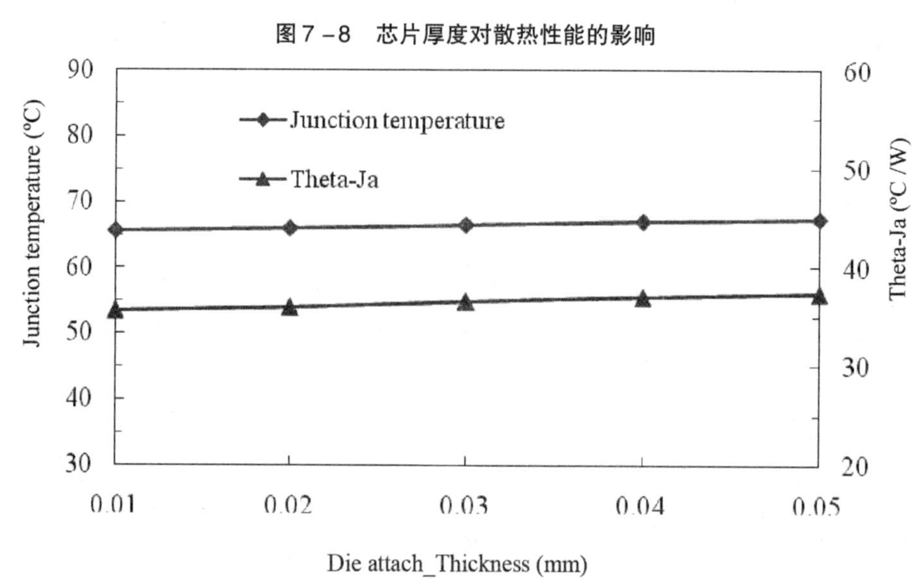

图 7 – 9　粘片胶厚度对散热性能的影响

塑封体厚度和焊点高度对芯片结点温度和热阻 θ_{ja} 的影响分别如图 7 – 10 和图 7 – 11 所示。随着塑封体厚度和焊点高度的增大，结点温度和热阻 θ_{ja} 无明显变化，说明塑封体厚度和焊点高度对散热性能无明显影响。

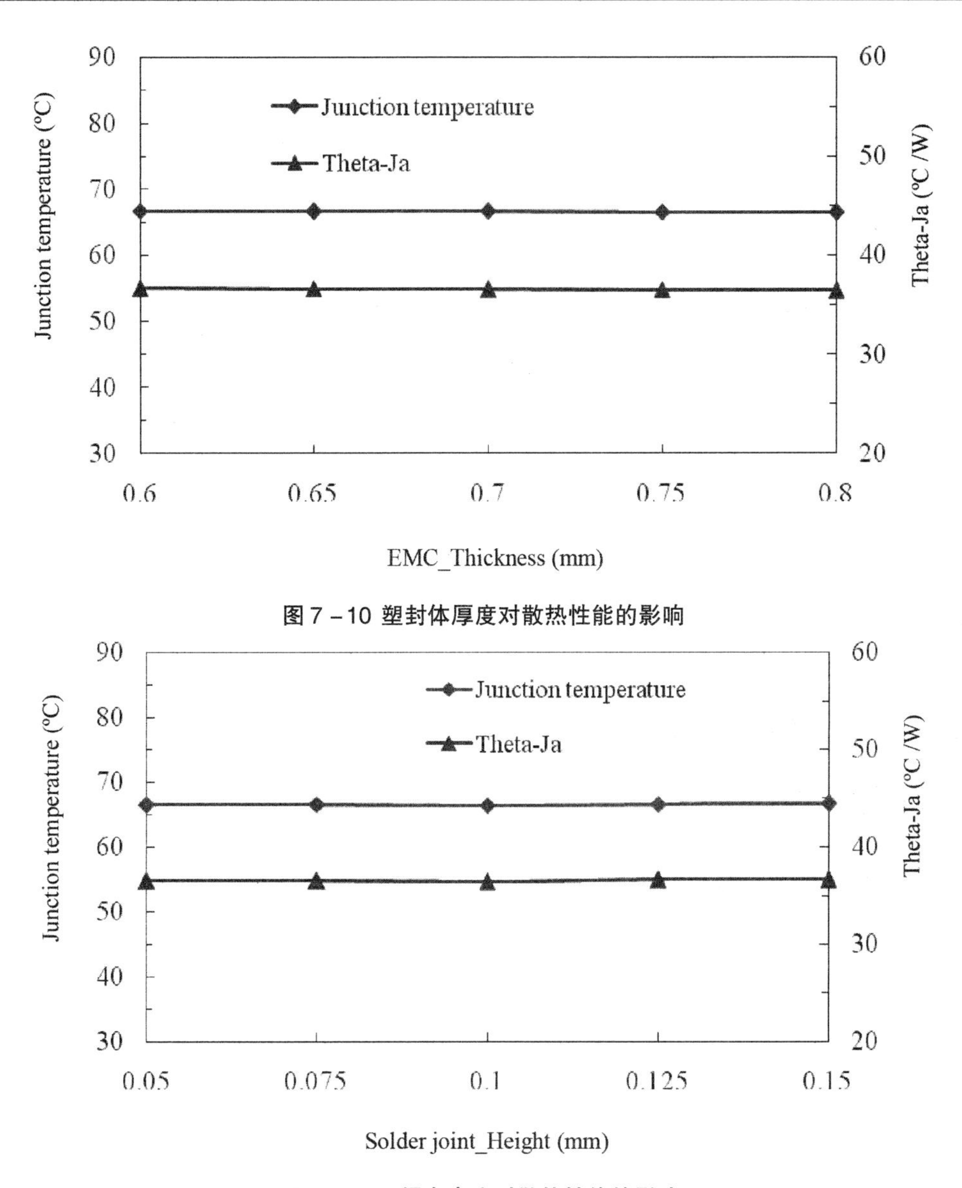

图 7－10 塑封体厚度对散热性能的影响

图 7－11　焊点高度对散热性能的影响

PCB 金属层相对 Cu 含量对芯片结点温度和热阻 θ_{ja} 的影响如图 7－12 所示。随着相对 Cu 含量的增大，结点温度和热阻 θ_{ja} 都大幅度减小，但是随着相对 Cu 含量的进一步增大，影响程度减小。

PCB 尺寸对芯片结点温度和热阻 θ_{ja} 的影响如图 7－13 所示。分析中 PCB 的厚度不变，为 1.6 mm，改变 PCB 的长度和宽度。从图 7－13 可以看到，随着 PCB 尺寸的增大，结点温度和热阻 θ_{ja} 都大幅度减小，但是随着 PCB 尺寸的进一步增大，影响程度减小。

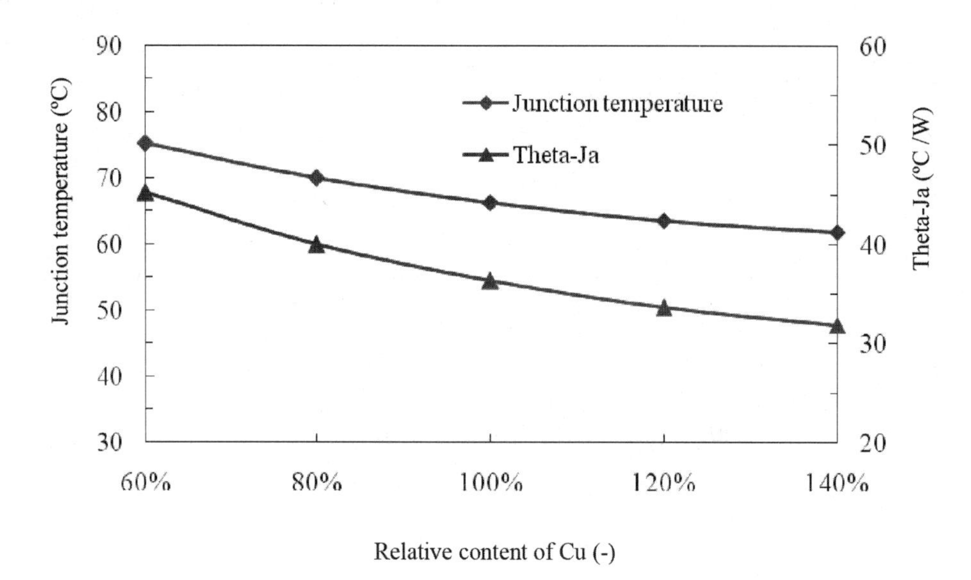

图 7－12　相对 Cu 含量对散热性能的影响

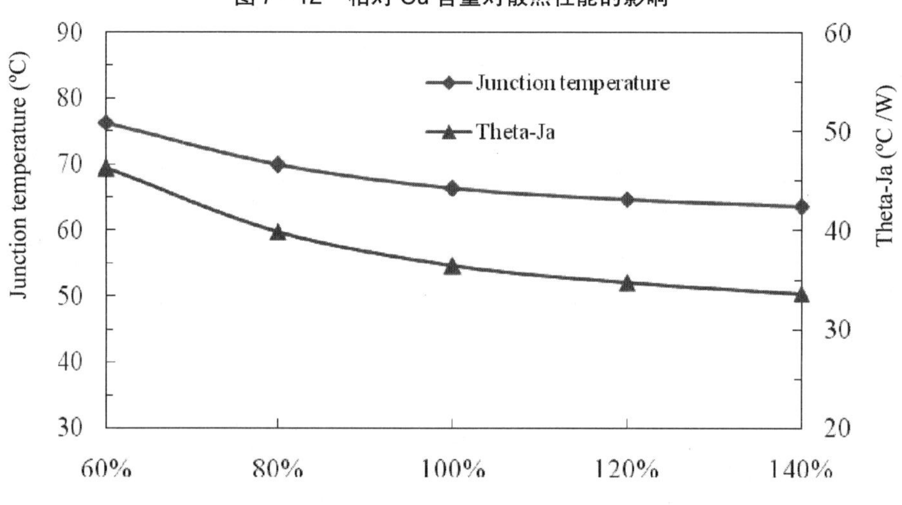

图 7－13　PCB 的相对尺寸对散热性能的影响

粘片胶的热导率对芯片结点温度和热阻 θ_{ja} 的影响如图 7－14 所示。随着热导率的增大，结点温度和热阻 θ_{ja} 都大幅度减小，但是当热导率增大到 2 W/（m・℃）时，结点温度和热阻 θ_{ja} 无明显变化，说明当粘片胶的热导率较小时，热导率的增加对散热性能具有明显的改善作用，当热导率增大到一定程度后，改善作用不明显。

塑封料的热导率对芯片结点温度和热阻 θ_{ja} 的影响如图 7－15 所示。随着塑封料热导率的增大，结点温度和热阻 θ_{ja} 轻微减小，减少的幅度不明显，说明塑封料的热导率对散热性能无明显影响。

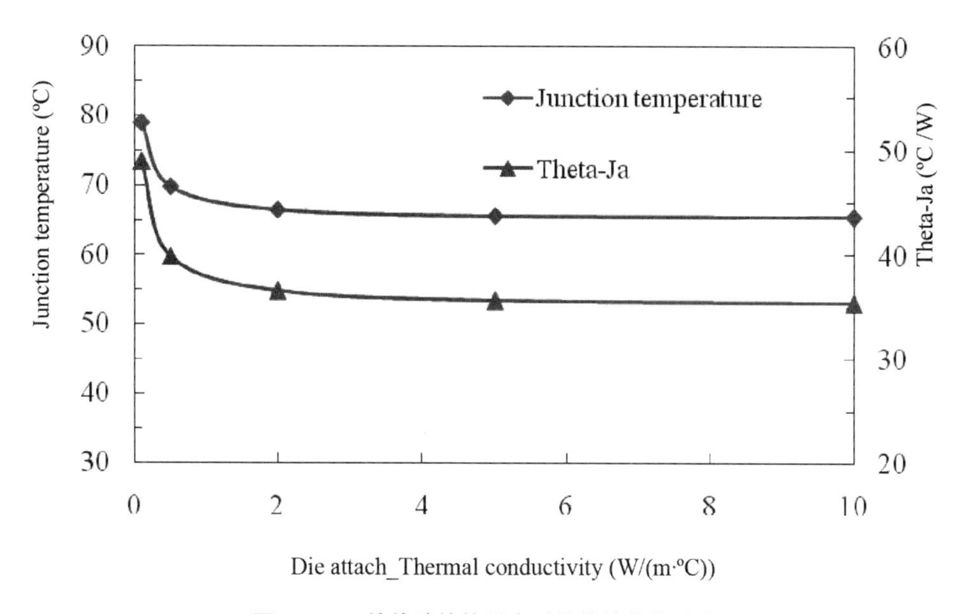

图7－14　粘片胶的热导率对散热性能的影响

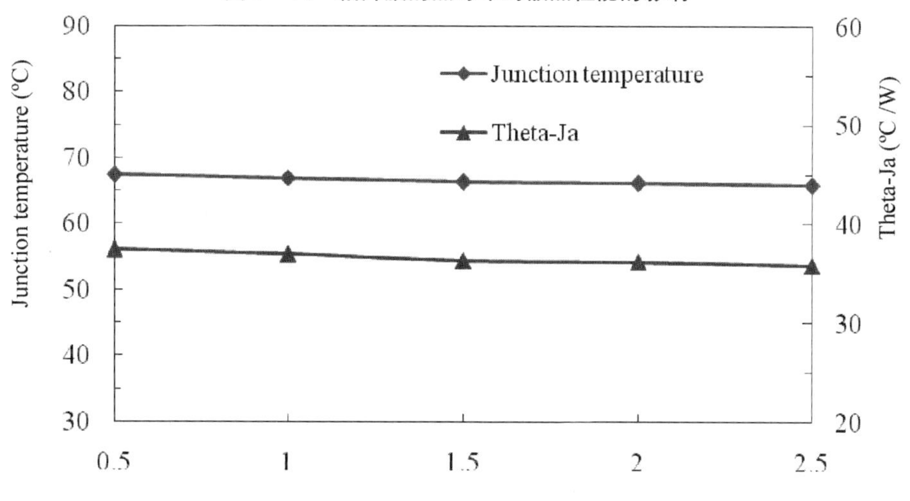

图7－15　塑封料的热导率对散热性能的影响

环境温度对芯片结点温度和热阻 θ_{ja} 的影响如图7－16所示。随着环境温度的升高，结点温度呈线性升高，但热阻 θ_{ja} 无明显变化，说明环境温度仅影响结点温度，对热阻 θ_{ja} 无明显影响。

强制对流风速对芯片结点温度和热阻 θ_{ja} 的影响如图7－17所示，其中风速为0代表自然对流情况。

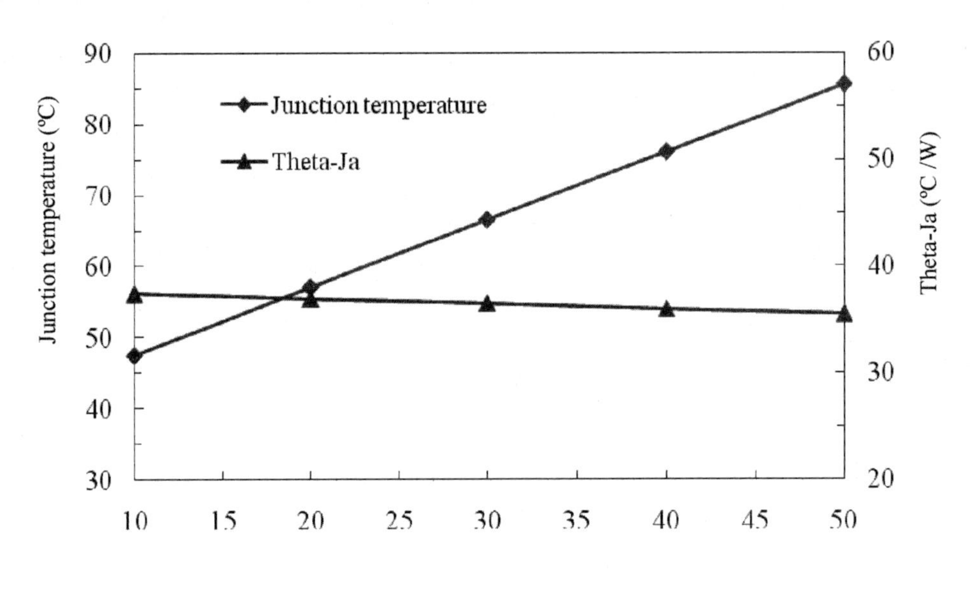

图 7－16　环境温度对散热性能的影响

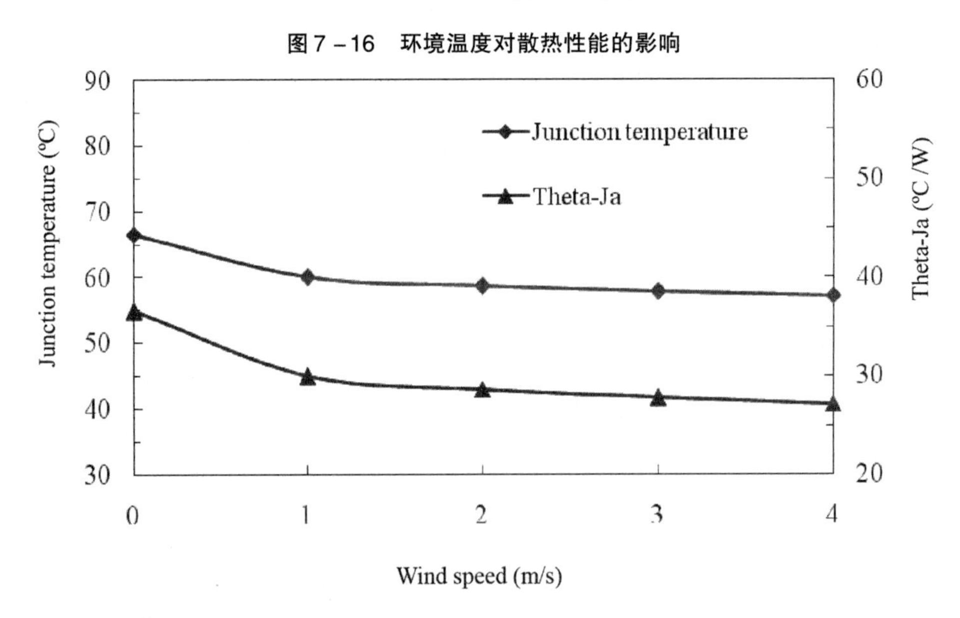

图 7－17　风速对散热性能的影响

从图 7－17 可以看到，随着风速的升高，结点温度和 θ_{ja} 都大幅度减小，但是风速达到 1 m/s 时，结点温度和 θ_{ja} 将无明显变化，说明适当的风速能改善散热性能，过大的风速对散热性能的改善效果不明显。

通过上述单一因子方法研究发现，芯片长度、PCB 金属层相对 Cu 含量和 PCB 尺寸、粘片胶的热导率和强制对流风速共 5 个设计变量是影响 VQFN68L 封装的显著因子。

7.4　基于响应曲面法的散热性能设计

在散热性能的响应曲面分析中，采用中心复合设计方法进行研究。响应值，即目标函数设定为 VQFN68L 封装的热阻 θ_{ja}。设计变量共 5 个，分别为芯片长度、PCB 金属层相对 Cu 含量、PCB 尺寸、粘片胶的热导率和强制对流风速，每个设计变量具有 3 个水平，如表 7－4 所示。

共进行 27 组仿真实验，热阻 θ_{ja} 结果如表 7－5 所示。在仿真分析中，除了芯片厚度、芯片长度和塑封料的热膨胀系数 3 个设计变量之外，其他设计均采用表 7－3 中水平 3 的值。

表 7－4　响应曲面分析的设计变量和水平

Design variables	Factors	Levels		
		1	2	3
Wind speed (m/s)	*A*	0	1	2
Die attach_ Thermal conductivity (W/ (m · ℃))	*B*	0.1	1.05	2
Die_ Length (mm)	*C*	1	2	3
Relativecontent of Cu (－)	*D*	80%	100%	120%
Relative size of PCB (－)	*E*	80%	100%	120%

表 7－5　响应曲面分析的实验结果和响应特性

Experimental run	Wind speed (m/s)	Die attach_ Thermal conductivity (W/ (m · ℃))	Die_ Length (mm)	Relativecontent of Cu	Relative size of PCB	θ_{ja} (℃/W)
1	2	0.1	3	120%	80%	39.16
2	1	2	2	100%	100%	32.96
3	2	2	3	80%	80%	32.16
4	1	1.05	1	100%	100%	52.2
5	1	1.05	2	80%	100%	38.62
6	0	2	3	80%	120%	38.23
7	2	2	1	80%	120%	46.36
8	2	0.1	3	80%	120%	43.57
9	1	0.1	2	100%	100%	53.55
10	1	1.05	2	120%	100%	32.96

续表

Experimental run	Wind speed (m/s)	Die attach_ Thermal conductivity (W/ (m · ℃))	Die_ Length (mm)	Relativecontent of Cu	Relative size of PCB	θ_{ja} (℃/W)
11	0	0. 1	3	120%	120%	44. 56
12	2	0. 1	1	80%	80%	89. 89
13	0	2	1	120%	120%	46. 81
14	2	0. 1	1	120%	120%	83. 71
15	0	1. 05	2	100%	100%	42. 05
16	2	1. 05	2	100%	100%	34. 01
17	1	1. 05	2	100%	80%	36. 27
18	0	0. 1	1	80%	120%	96. 48
19	0	2	3	120%	80%	37. 47
20	0	2	1	80%	80%	58. 19
21	2	2	1	120%	80%	41. 69
22	0	0. 1	1	120%	80%	95. 64
23	1	1. 05	2	100%	120%	34. 96
24	1	1. 05	3	100%	100%	31. 06
25	0	0. 1	3	80%	80%	55. 67
26	2	2	3	120%	120%	25. 98
27	1	1. 05	2	100%	100%	35. 38

表 7－6　散热性能回归方程的合理选择

Source	Std. Dev.	R^2	AdjustedR^2	PredictedR^2	Press	Remark
Linear	11. 64	0. 7284	0. 6637	0. 5258	4970. 07	Suggested
2FI	13. 05	0. 8213	0. 5776	－17. 6147	1. 951E＋005	
Quadratic	3. 19	0. 9942	0. 9747	0. 4449	5817. 80	Suggested
Cubic	0. 45	1. 0000	0. 9995	－0. 4594	15296. 85	Aliased

根据表 7－5 的实验结果，对热阻 θ_{ja}的回归方程进行拟合分析，得到回归方程。从表 7－6 可以看出，线性和二阶回归方程为建议使用的回归方程，相关系数 R^2分别为 0. 5258 和 0. 4449。得到的线性和二阶回归方程，即热阻 θ_{ja}的预测模型分别如式（7－2）和式（7－3）所示。

$$\theta_{ja} = 117.91261 - 4.36500 \times \text{Wind speed} - 14.17427 \times \text{Die attach\_ Thermal conductivity} - 14.61722 \times \text{Die\_ Length} - 0.14219 \times \text{Relative content of Cu} - 0.070778 \times \text{Relative size of PCB} \quad (7-2)$$

$$\begin{aligned}\theta_{ja} = {} & 205.51191 - 17.08423 \times \text{Wind speed} \\ & - 49.76147 \times \text{Die attach\_ Thermal conductivity} - 50.21115 \times \text{Die\_ Length} \\ & - 0.56537 \times \text{Relative content of Cu} - 0.45020 \times \text{Relative size of PCB} \\ & + 0.099342 \times \text{Wind speed} \times \text{Die attach\_ Thermal conductivity} \\ & + 0.025625 \times \text{Wind speed} \times \text{Die\_ Length} \\ & + 8.28125E-3 \times \text{Wind speed} \times \text{Relative content of Cu} \\ & + 0.055031 \times \text{Wind speed} \times \text{Relative size of PCB} \\ & + 8.12829 \times \text{Die attach\_ Thermal conductivity} \times \text{Die\_ Length} \\ & - 1.48026E-3 \times \text{Die attach\_ Thermal conductivity} \times \text{Relative content of Cu} \\ & - 2.96053E-4 \times \text{Die attach\_ Thermal conductivity} \times \text{Relative size of PCB} \\ & + 1.90625E-3 \times \text{Die\_ Length} \times \text{Relative content of Cu} \\ & - 2.18750E-4 \times \text{Die\_ Length} \times \text{Relative size of PCB} \\ & - 2.54687E-4 \times \text{Relative content of Cu} \times \text{Relative size of PCB} \\ & + 3.11621 \times \text{Wind speed}^2 + 9.24234 \times \text{Die attach\_ Thermal conductivity}^2 \\ & + 6.71621 \times \text{Die\_ Length}^2 + 2.19053E-3 \times \text{Relative content of Cu}^2 \\ & + 1.75303E-3 \times \text{Relative size of PCB}^2 \end{aligned} \quad (7-3)$$

由于二阶模型能更好地拟合响应值和因子之间的非线性效应，因此在后续的分析中重点分析二阶回归方程。对热阻 θ_{ja} 的响应曲面二阶模型进行变异分析，如表 7 - 7 所示。所采用的二阶模型是显著的。强制对流风速、粘片胶的热导率、芯片长度和相对 Cu 含量是影响封装散热性能的显著因子。除此之外，粘片胶的热导率与芯片长度之间的交互作用也对封装散热性能具有显著影响。

表 7 - 7　响应曲面二阶模型的变异分析

Source	SS	DF	MS	F	P	Remark
Model	10420.263	20	521.013	51.045	< 0.0001	Significant
A-Wind speed	342.958	1	342.958	33.600	0.0012	
B-Die attach_ Thermal conductivity	3263.781	1	3263.781	319.759	< 0.0001	
C-Die_ Length	3845.937	1	3845.937	376.794	< 0.0001	
D-Relative content of Cu	145.579	1	145.579	14.263	0.0092	
E-Relative size of PCB	36.068	1	36.068	3.534	0.1092	
AB	0.143	1	0.143	0.014	0.9098	

续表

Source	SS	DF	MS	F	P	Remark
AC	0. 011	1	0. 011	0. 001	0. 9754	
AD	0. 439	1	0. 439	0. 043	0. 8426	
AE	19. 382	1	19. 382	1. 899	0. 2174	
BC	954. 038	1	954. 038	93. 469	< 0. 0001	
BD	0. 013	1	0. 013	0. 001	0. 9731	
BE	0. 001	1	0. 001	0. 000	0. 9946	
CD	0. 023	1	0. 023	0. 002	0. 9635	
CE	0. 000	1	0. 000	0. 000	0. 9958	
DE	0. 166	1	0. 166	0. 016	0. 9027	
A^2	23. 737	1	23. 737	2. 326	0. 1781	
B^2	170. 074	1	170. 074	16. 663	0. 0065	
C^2	110. 263	1	110. 263	10. 803	0. 0167	
D^2	1. 877	1	1. 877	0. 184	0. 6830	
E^2	1. 202	1	1. 202	0. 118	0. 7432	
Residual	61. 242	6	10. 207			
Cor Total	10481. 505	26				

粘片胶的热导率与芯片长度之间的交互作用对热阻 θ_{ja} 影响的等值线图和二阶响应曲面图分别如图 7－18 和图 7－19 所示。研究发现，粘片胶的热导率越大、芯片长度越大，则热阻 θ_{ja} 越小。

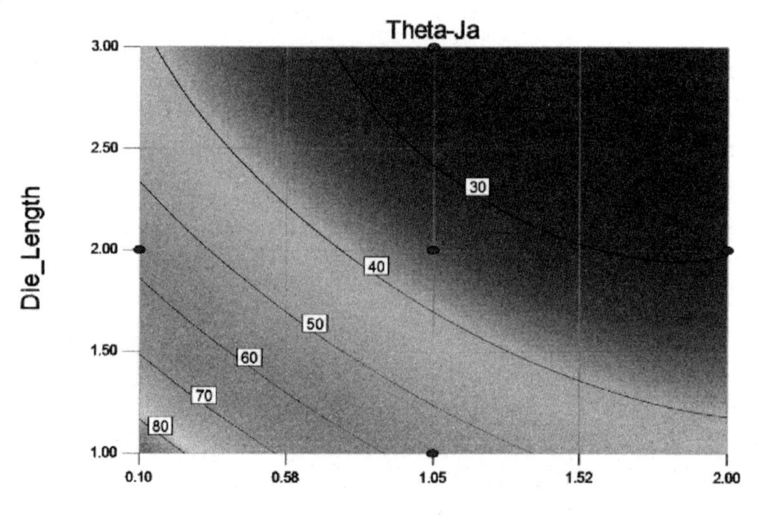

图 7－18　粘片胶的热导率与芯片长度对散热性能影响的等值线图

由二阶响应模型的回归方程可得最优解：当风速为 1.55 m/s、粘片胶的热导率为 1.44 W/（m·℃）、芯片长度为 2.85 mm、PCB 各金属层相对 Cu 含量为 120%、PCB 相对尺寸为 113.04% 时，VQFN68L 封装的热阻 θ_{ja} 为 22.38℃/W。

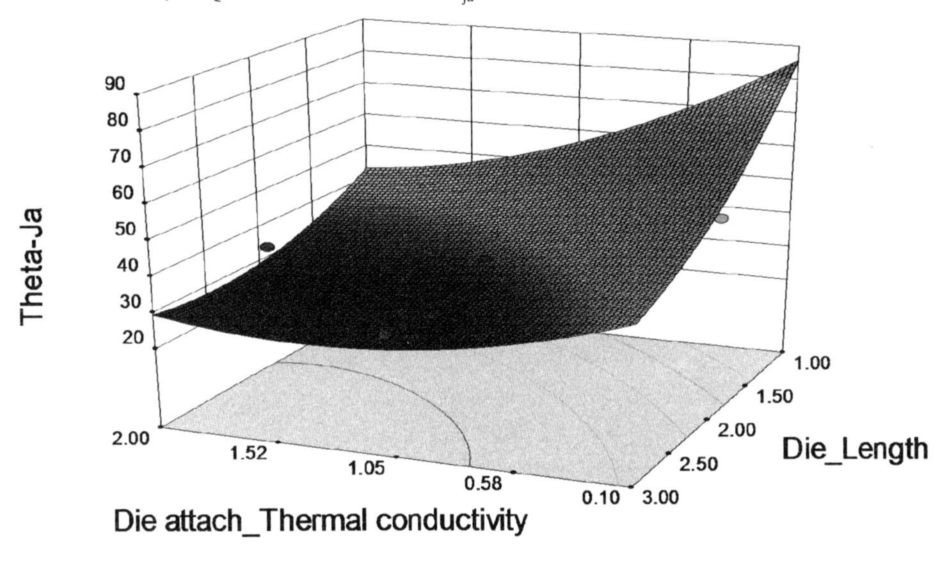

图 7－19　粘片胶的热导率与芯片长度对散热性能影响的响应曲面图

7.5　多圈 QFN 与普通 QFN 封装散热性能的仿真对比分析

本节采用 Flotherm 软件研究对比了多圈 VQFN68L 与普通的 QFN68L 封装的散热性能，重点分析了在自然对流和强制对流情况下封装的热阻。

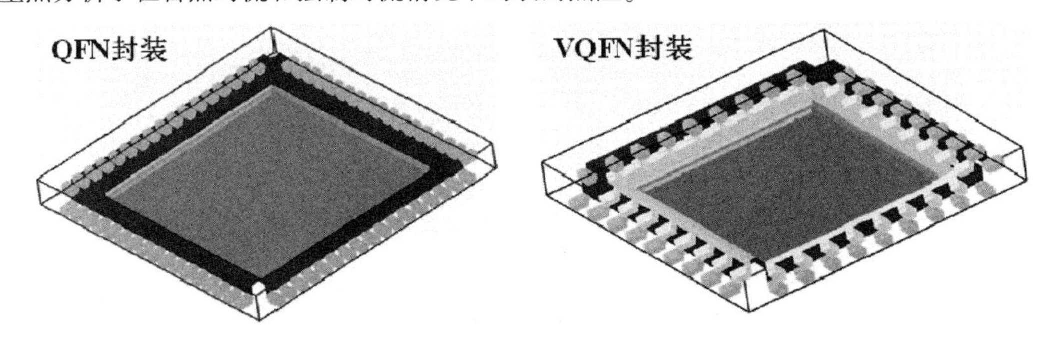

图 7－20　VQFN68L 和 QFN68L 封装的 CFD 模型

采用 Flotherm 软件建立 VQFN68L 和 QFN68L 封装的 CFD 计算流体动力学模型，如图 7－20 所示。

封装各组成材料的热导率如表 7－8 所示。芯片的功率设定为 1.5W，热测试版采用 JEDEC 2s2p 标准热测试板，外部环境温度设定为 25℃。

表 7-8　散热性能分析模型各材料的导热系数

材料	热导率　(W/ (m·K))
塑封料	0.699
芯片	145
等效金线	75.542
粘片胶	60
焊盘	350
焊料	70
PCB 测试板铜层 1 (20%)	77.52
PCB 测试板铜层 2 (90%)	347
PCB 测试板铜层 3 (90%)	347
PCB 测试板铜层 4 (10%)	38.9
PCB FR4 介质层	0.4

图 7-21 是 VQFN68L 和 QFN68L 封装在自然对流情况下的截面温度分布示意图。研究发现，两种封装的主要散热方式均为热量通过焊盘传递到 PCB 测试版中以及通过塑封料传递到外部环境中。两种封装的最高温度均位于芯片上，其中 VQFN68L 封装的最高芯片温度为 73.7℃，QFN68L 封装的最高芯片温度为 68.3℃。最低温度位于 PCB 测试板远端，其值为环境温度 25℃。VQFN68L 和 QFN68L 封装在自然对流情况下的热阻由计算公式（7-1）计算得到，分别为 32.5℃/W 和 28.9℃/W。对比发现，QFN68L 封装在自然对流情况下的最高芯片温度和热阻比 VQFN68L 封装的要小。

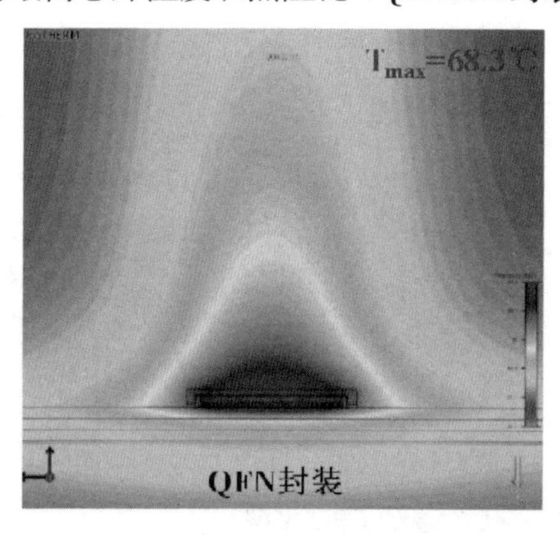

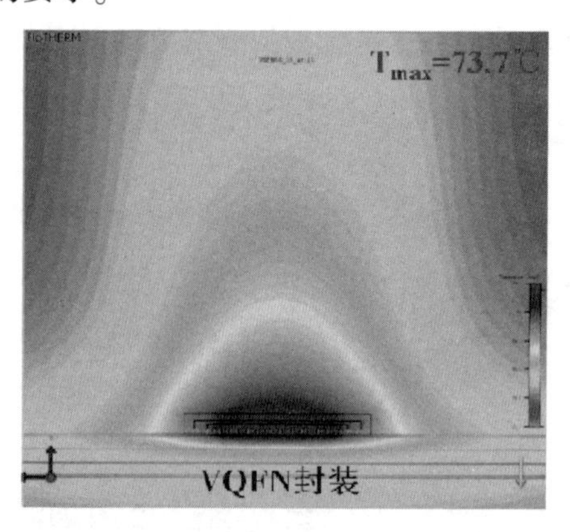

图 7-21　自然对流情况下 VQFN68L 与 QFN68L 封装的截面温度分布示意图

在强制对流情况下，即不同风速情况下 VQFN68L 和 QFN68L 封装的热阻如图 7-22 所示，其中风速为 0 的情况即为自然对流情况。对比不同风速下的热阻可以发现，封装的热阻随着风速的增大而减小。对比 VQFN68L 和 QFN68L 封装的热阻可以发现，在自然对流和强制对流情况下 QFN68L 封装的热阻比 VQFN68L 封装的要小。

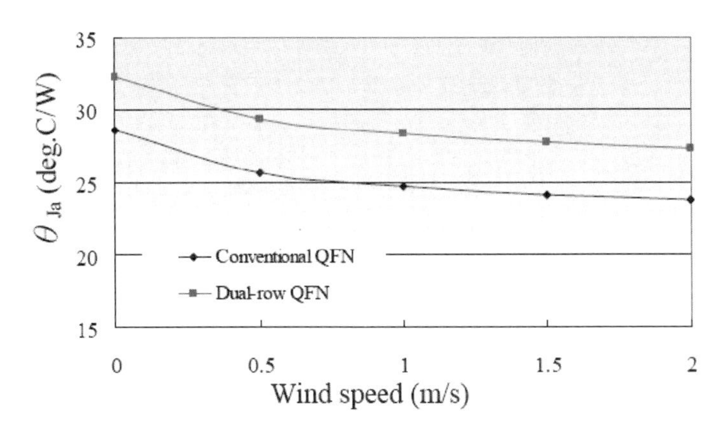

图 7－22　强制对流情况下 VQFN68L 与 QFN68L 封装的热阻

7.6　本章小结

本章采用计算流体动力学方法计算了初始设计情况下多圈 QFN 封装的结点温度和热阻。采用单一因子方法探讨了结构参数、材料参数以及外部环境温度和强制对流风速等工艺参数对热阻的影响，发现强制对流风速、粘片胶的热导率、芯片长度和 PCB 各金属层 Cu 含量是影响多圈 QFN 封装散热性能的显著因子，粘片胶的热导率与芯片长度之间的交互作用对散热性能具有显著影响。采用响应曲面方法进行散热性能设计，建立了基于线性和二阶回归方程的热阻预测模型，得到了热阻最小化的最优组合设计。

第8章　多圈QFN封装可制造性与可靠性协同设计

8.1　引　言

第4~7章研究了多圈QFN封装在整个制造和服役阶段面临的可制造性与可靠性问题，主要为封装翘曲、塑封料/芯片载体界面分层、焊点热疲劳寿命和散热性能，并分别进行了基于数值模拟的优化设计。然而，面对多个可制造性与可靠性问题，即多目标问题时，由于存在目标之间的冲突和无法比较的现象，一组设计变量的最优组合即最优解在某个目标上是最好的，在其他的目标上可能是最差的。因此，为了从整体上提升多圈QFN封装的可制造性与可靠性，进行多目标协同设计研究是至关重要的。

本章在第4~7章研究的基础上，针对多圈QFN封装在整个制造和服役阶段面临的翘曲、界面分层、焊点热疲劳和散热问题，提出了可制造性与可靠性协同设计方法，采用Pareto最优原理的多目标优化方法，通过在全域上进行求解，得到提升多圈QFN封装可制造性与可靠性的Pareto优化解集。基于本设计方法，提出一批新型多圈QFN封装结构和工艺，形成以发明专利为代表的核心知识产权。

8.2　Pareto多目标协同设计方法

对单个目标进行优化时，可由以下公式进行定义：

$$\min f(X), \quad X = (x_1, x_2, \cdots x_n)^T \tag{8-1}$$

约束条件为：

$$c_i(X) = 0, \quad i = 1, 2, \cdots m$$
$$c_i(X) \geqslant 0, \quad i = m+1, \cdots n \tag{8-2}$$

式中：$f(X)$ 为目标函数；X 为 n 个相互独立的设计变量；$c_i(x)$ 为约束方程和不等式。

然而，对多个目标进行优化时，则由以下公式进行定义：

$$\min F(X) = \{f_i(X), f_2(X), \cdots f_n(X)\}, \quad X = (x_1, x_2, \cdots x_n)^T \tag{8-3}$$

约束条件为：

$$c_i(X) = 0, \quad i = 1, 2, \cdots m$$
$$c_i(X) \geq 0, \quad i = m+1, \cdots n \tag{8-4}$$

式中：$f_i(X)$ 为目标函数；$F(X)$ 为多目标的优化准则。

对于多目标优化，采用 Pareto 方法[83-84, 89]进行求解，得到 Pareto 最优解集，即一组目标函数最优解的集合。最优解集在空间上形成的曲面称为 Pareto 前沿面。如图 8-1 所示。

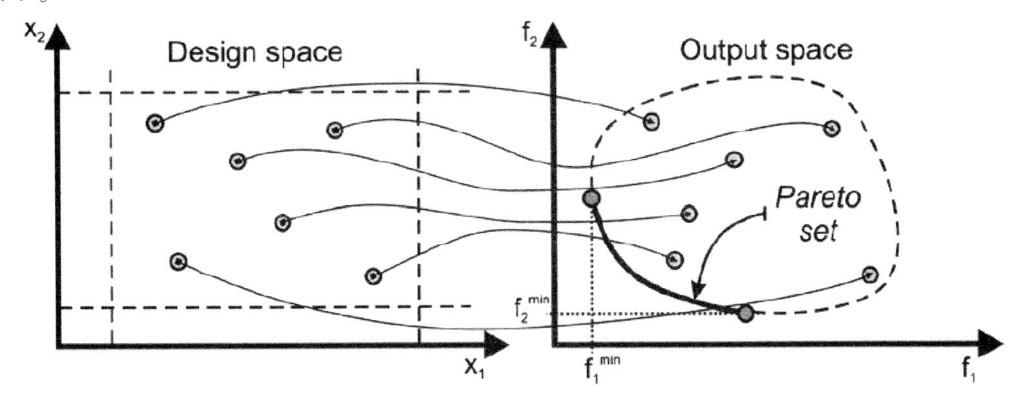

图 8-1　Pareto 最优解集和设计变量的设计空间

8.3　基于数值模拟的可制造性与可靠性多目标协同设计

由第 4 章的封装翘曲控制与优化发现，芯片厚度、芯片长度和塑封料在回流焊温度 260℃时的热膨胀系数共 3 个设计变量是影响翘曲的显著因子。

由第 5 章的塑封料/芯片载体界面分层研究发现，塑封料在回流焊温度 260℃时的弹性模量和热膨胀系数、塑封料/芯片载体界面长度共 3 个设计变量是影响界面分层的显著因子。需要说明的是，对于特定尺寸大小的芯片载体，塑封料/芯片载体界面的长度与芯片长度呈一一对应的关系，因此在本章的可制造性与可靠性协同设计研究中将统一采用芯片长度这一设计变量。

由第 6 章的多圈 QFN 封装焊点热疲劳寿命设计研究发现，塑封料的热膨胀系数、PCB 的热膨胀系数和焊点高度是影响热疲劳寿命的显著因子，由于温度循环载荷的温度低于塑封料的 T_g 温度，因此这里的热膨胀系数为低于 T_g 温度的热膨胀系数。同时还发现，塑封料和 PCB 的热膨胀系数越相近，焊点的热疲劳寿命越高。

由第 7 章的散热性能仿真设计发现，芯片长度、PCB 各金属层 Cu 含量，PCB 尺寸、粘片胶的热导率和强制对流风速是影响热阻的显著因子。

多圈 QFN 封装的可制造性与可靠性各目标与相应的显著设计变量如表 8-1 所示。在影响翘曲的设计变量中，芯片厚度对其他目标没有影响；在影响塑封料/芯片载体界面分层的设计变量中，塑封料在回流焊温度 260℃时的弹性模量对其他目标没有影响；影响热疲劳寿命的设计变量对其他目标没有影响；影响散热性能的设计变量，除了芯片长度，对其他目标没有影响。同时还发现，翘曲和塑封料/芯片载体界面分层同时受芯片长度和塑封料在回流焊温度 260℃时的热膨胀系数的影响。因此，需采用多目标优化方法进行翘曲和塑封料/芯片载体界面分层的协同设计。

表 8-1 目标与相应的显著设计变量

Design variables	Objectives			
	Warpage	EMC/Die pad delamination	Thermal fatigue	Thermal performance
Die_ Length	√	√		√
Die_ Thickness	√			
EMC_ E (below T_g)				
EMC_ E (above T_g)		√		
EMC_ CTE (belowT_g)			√	
EMC_ CTE (above T_g)	√	√		
PCB_ CTE			√	
Solder joint_ Height			√	
Relativecontent of Cu (-)				√
Relativesize of PCB (-)				√
Die attach_ Thermal conductivity				√
Wind speed				√

采用响应曲面法进行 VQFN68L 封装的翘曲和塑封料/芯片载体界面分层的协同设计，考虑的设计变量分别为芯片长度和塑封料在回流焊温度 260℃时的热膨胀系数，每个设计变量具有 5 个水平，如表 8-2 所示。从第 3 章研究发现，芯片厚度是影响翘曲的显著设计变量，厚度越大，翘曲越小，在本章研究中芯片厚度采用第 3 章优化后的结果，其值 0.3 mm。从第 4 章研究发现，塑封料在回流焊温度 260℃时的弹性模量是影响塑封料/芯片载体界面分层的显著设计变量，弹性模量越小，界面的可靠性越高，在本章中塑封料的弹性模量采用第 4 章优化后的结果，其值为 500 MPa。采用有限元数值模拟方法共进行 9 组仿真实验，结果如表 8-3 所示。

如果封装的翘曲过大，直接导致后续切割工艺的操作困难和表面贴装工艺的良率下降，因此应将翘曲控制在可以接受的范围内。根据实际生产能力经验建立多圈 QFN 封装的翘曲控制准则，如式（8-5）所示。

$$\text{Warpage} \leq 0.004 \times \text{Package\_ Length} \tag{8-5}$$

VQFN68L 封装的长度为 7 mm，根据式（8 - 5）计算得到允许的最大翘曲值为 0.028 mm。

根据第 5 章建立的塑封料/芯片载体界面分层失效准则，即当塑封料/芯片载体界面的失效判据因子 F 值大于 30% 时，界面发生分层失效，在产品的设计阶段，应将失效判据因子 F 控制在 30% 以内，因此设定失效判据因子 F 的上限为 30%。

表 8 - 2　可制造性与可靠性协同设计参数及其水平

Design variables	Levels				
	1	2	3	4	5
Die_ Length（mm）	2.2	2.4	2.6	2.8	3.0
EMC_ CTE（10^{-6}/℃）	20	25	30	35	40

表 8 - 3　响应曲面分析的实验结果和响应特性

Experimental run	Die_ Length (mm)	EMC_ CTE (10^{-6}/℃)	Warpage (mm)	Failure factor F
1	2.2	30	0.029	0.19
2	2.6	20	0.025	0.25
3	2.4	35	0.032	0.24
4	2.8	35	0.031	0.32
5	2.6	40	0.031	0.29
6	2.8	25	0.027	0.31
7	2.6	30	0.028	0.28
8	3	30	0.027	0.38
9	2.4	25	0.028	0.22

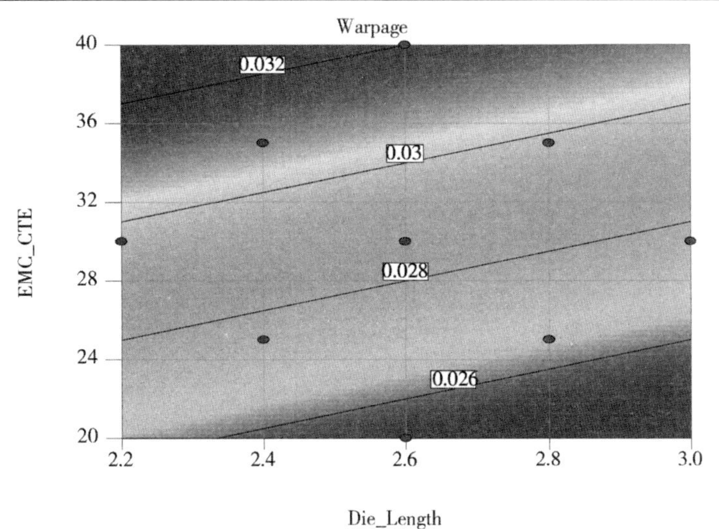

图 8 - 2　VQFN68L 封装的翘曲优化设计

根据响应曲面分析结果，即翘曲和失效判据因子 F 的响应，以及建立的翘曲控制准则和塑封料/芯片载体界面分层失效准则，得到翘曲和界面分层的协同优化设计，分别如图 8－2 和图 8－3 所示。

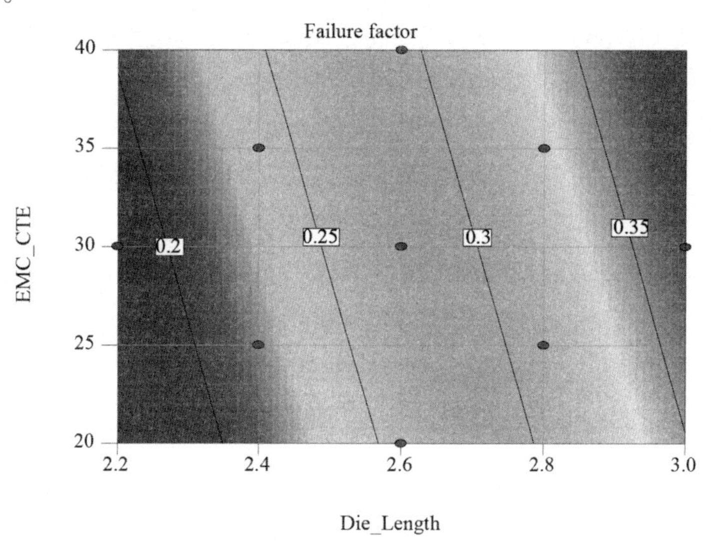

图 8－3　VQFN68L 封装的界面分层优化设计

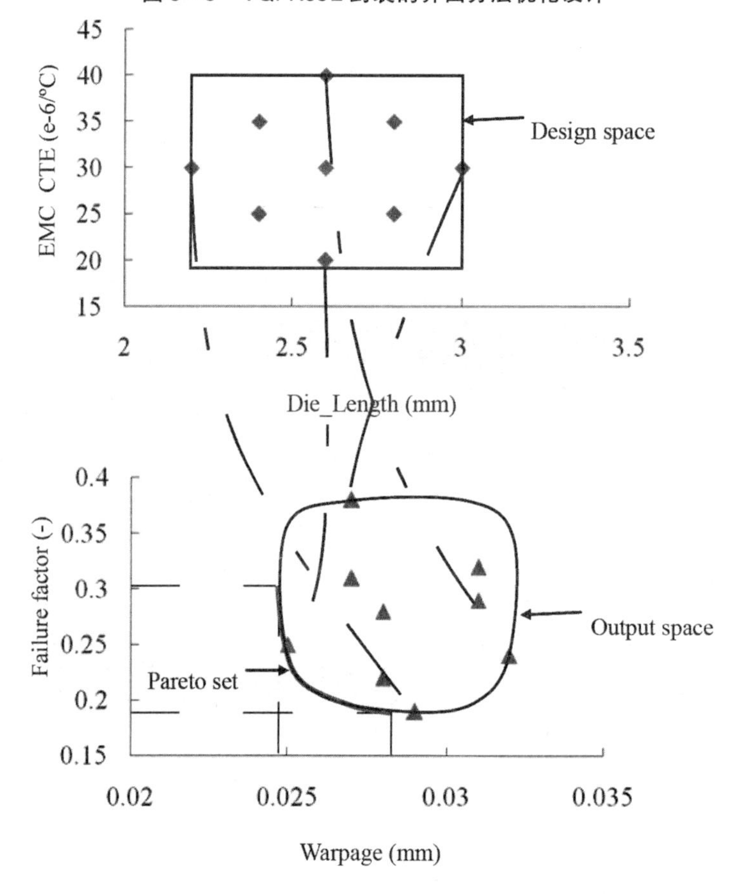

图 8－4　VQFN68L 封装的 Pareto 最优解集和设计变量的设计空间

根据图 8 -2 和图 8 -3 所示的翘曲和界面分层优化设计，以及建立的翘曲控制准则和塑封料/芯片载体界面分层失效准则，得到 VQFN68L 封装的翘曲和塑封料/芯片载体界面分层可制造性与可靠性协同设计的 Pareto 最优解集，如图 8 -4 所示。

8.4　新型多圈 QFN 封装结构和工艺

基于本章提出的可制造性与可靠性协同设计方法，提出一批新型多圈 QFN 封装结构和工艺。除了本书重点研究的双圈引脚排列的 VQFN68L 封装形式外，还成功研发出两款分别如图 8 -5 和图 8 -6 所示的具有更高 I/O 数的多圈 QFN 封装产品，分别为 VQFN148L 和 VQFN256L。VQFN148L 封装的尺寸为 12 mm × 12 mm × 0.85 mm，引脚呈双圈排列，I/O 数为 148。VQFN256L 封装的尺寸为 11 mm × 11 mm × 0.85 mm，引脚呈三圈排列，I/O 数为 256。

图 8 -5　VQFN148L 封装的结构示意图

图 8 -6　VQFN256L 封装的结构示意图

针对上述研发的多圈 QFN 封装结构，提出 4 种不同的制造工艺，这 4 种制造工艺的主要步骤分别如图 8 -7、图 8 -8、图 8 -9 和图 8 -10 所示。

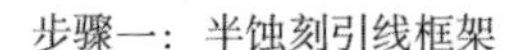

步骤一：半蚀刻引线框架

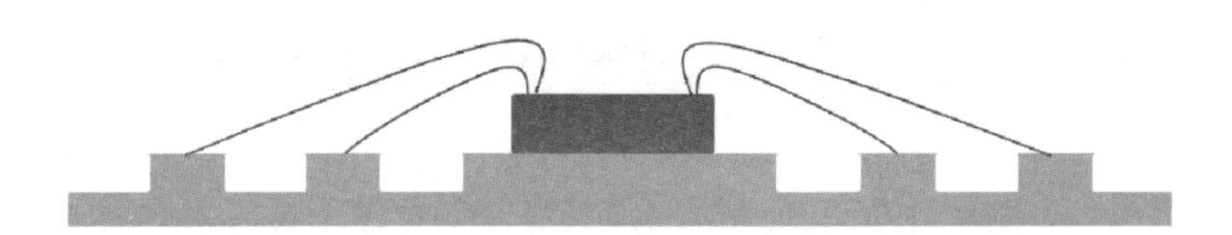

步骤二：上芯 /压焊

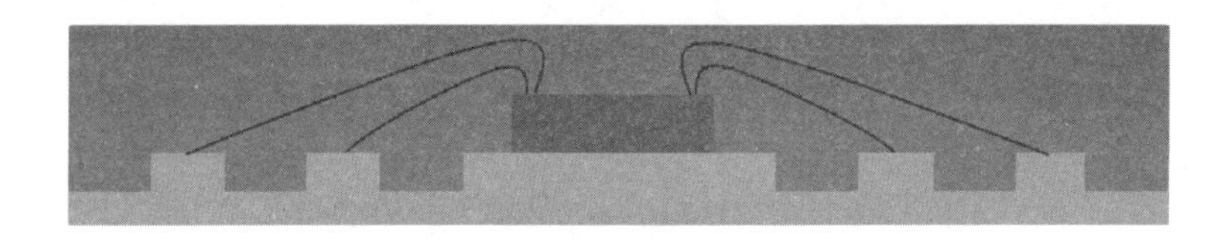

步骤三：塑封 /塑封后固化

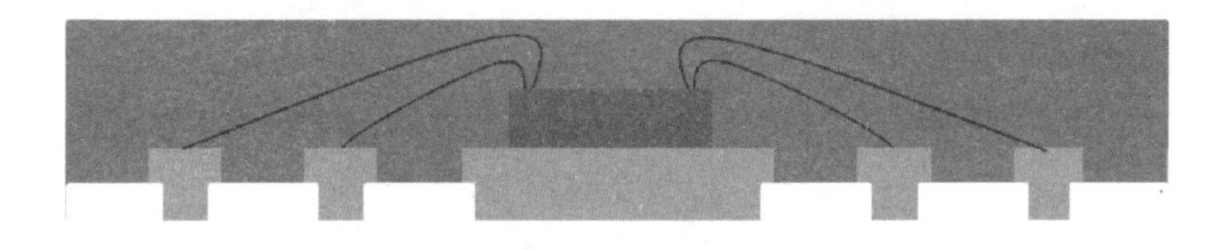

步骤四：引线框架背面半蚀刻

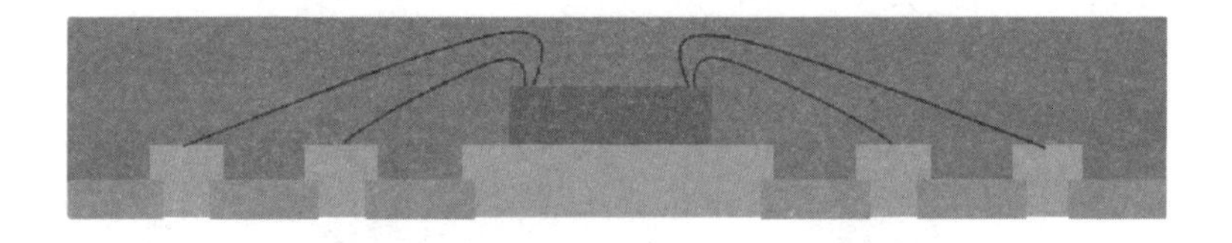

步骤五：涂覆或塑封填充

图 8－7　多圈 QFN 封装的第一种制造工艺

第一种制造工艺如图 8－7 所示，包括 5 个主要工艺步骤。步骤一：对金属薄板上表面进行选择性半蚀刻，形成半蚀刻引线框架，包括芯片载体和围绕芯片载体呈多圈排列的引脚；步骤二：进行上芯/压焊工艺，通过粘贴材料将芯片配置于芯片载体上，通过金属导线实现芯片与引脚的互联；步骤三：进行塑封/塑封后固化工艺，采用塑封料对芯片和金属导线实现包覆密封，塑封后进行后固化工艺；步骤四：对半蚀刻引线框架的下表面进行选择性半蚀刻，实现芯片载体和引脚的分离，形成独立的芯片载体和引脚；步骤五，通过涂覆绿漆或者塑封工艺对选择性半蚀刻区域进行填充，最终形成多圈 QFN 封装产品。

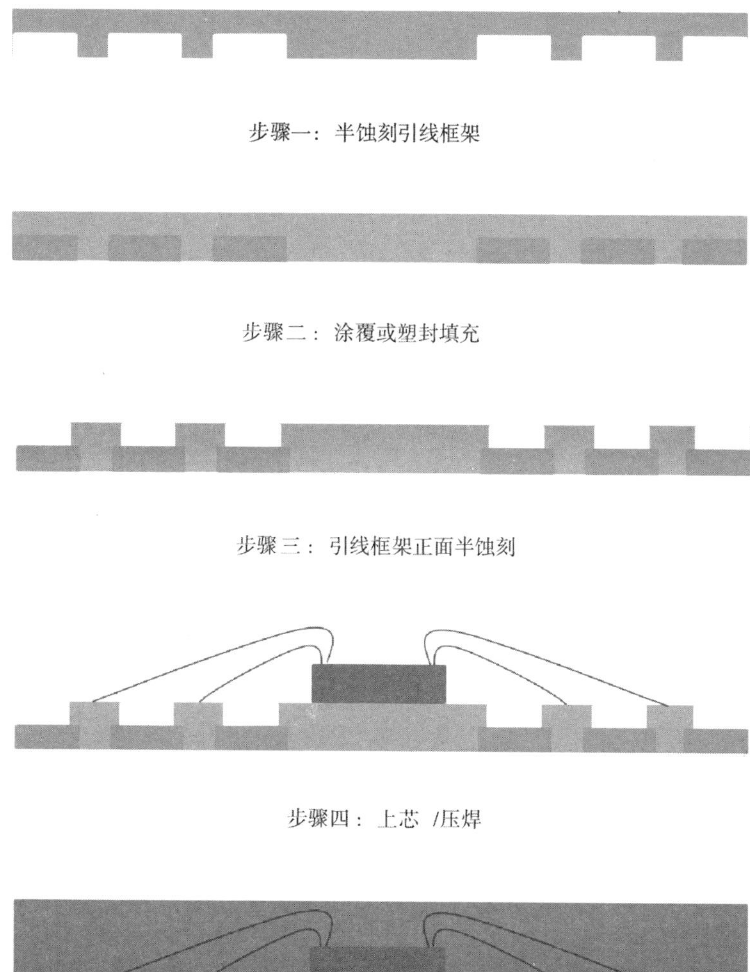

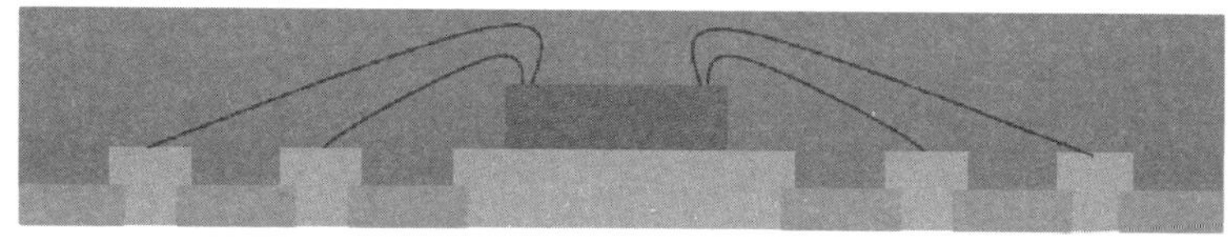

图 8 –8　多圈 QFN 封装的第二种制造工艺

第二种制造工艺如图 8 –8 所示，同样包括 5 个主要工艺步骤。步骤一：对金属薄板的下表面进行选择性半蚀刻，形成半蚀刻引线框架，包括芯片载体和围绕芯片载体呈多圈排列的引脚；步骤二：通过涂覆绿漆或者塑封工艺对半蚀刻区域进行填充；步骤三：对半蚀刻引线框架的上表面进行选择性半蚀刻，实现芯片载体和引脚的分离，形成独立的芯片载体和引脚；步骤四：进行上芯/压焊工艺，将芯片配置于芯片载体上，通过金属导线实现芯片与引脚的互联；步骤五：进行塑封/塑封后固化工艺，即采用塑封料对芯片和金属导线实现包覆密封，最终形成多圈 QFN 封装产品。

第三种制造工艺如图 8 –9 所示，同样包括 5 个主要工艺步骤。步骤一：对金属薄板上表面进行选择性半蚀刻，形成半蚀刻引线框架，包括芯片载体和围绕芯片载体呈单圈排列的内引脚；步骤二：进行上芯/压焊工艺，通过粘贴材料将芯片配置于芯片载体上，通过金属导线实现芯片与内引脚的互联；步骤三：进行塑封/塑封后固化工艺，采用塑封料对芯片和金属导线实现包覆密封，塑封后进行后固化工艺；步骤四：对半蚀刻引线框架的下表面进行选择性半蚀刻，形成独立的芯片载体、再布线层和外引脚，内引脚和外引脚组成引脚，再布线层起到连接内引脚和外引脚的作用；步骤五，通过涂覆绿漆或者塑封工艺对半蚀刻区域进行填充，最终形成多圈 QFN 封装产品。

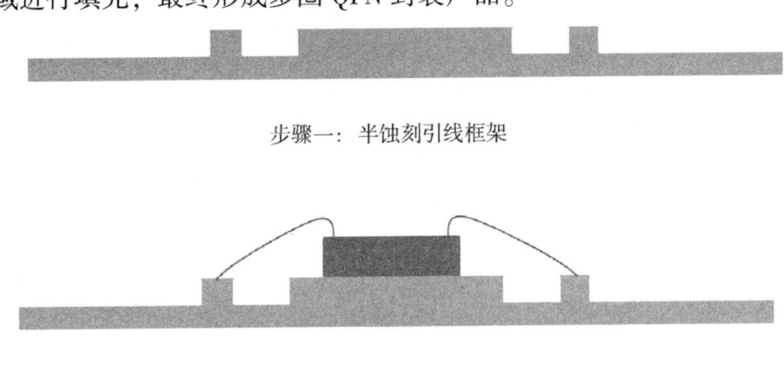

步骤一：半蚀刻引线框架

步骤二：上芯 /压焊

步骤三：塑封 /塑封后固　化

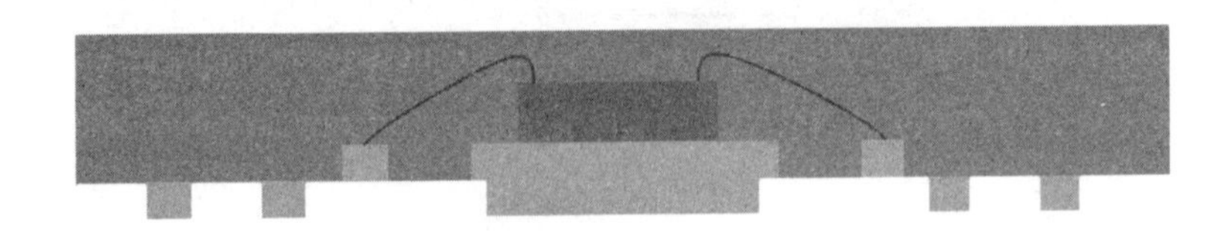

步骤四：引线框架背面半蚀刻

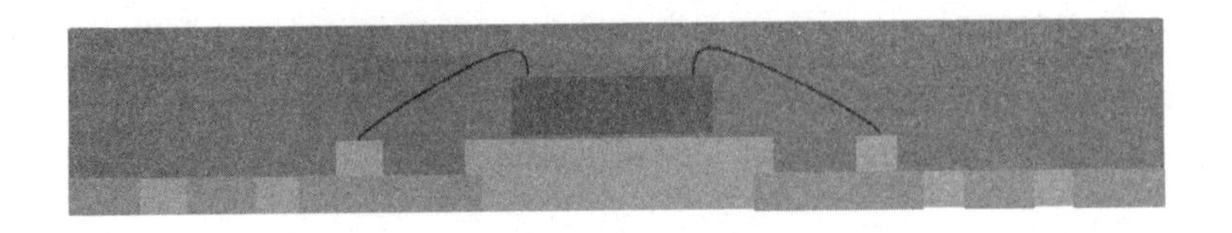

步骤五：涂覆或塑封填充

图 8-9　多圈 QFN 封装的第三种制造工艺

第四种制造工艺如图 8－10 所示，同样包括 5 个主要工艺步骤。步骤一：对金属薄板的下表面进行选择性半蚀刻，形成半蚀刻引线框架，包括芯片载体和围绕芯片载体呈多圈排列的外引脚；步骤二：通过涂覆绿漆或者塑封工艺对半蚀刻区域进行填充；步骤三：对半蚀刻引线框架的上表面进行选择性半蚀刻，形成独立的芯片载体、再布线层和外引脚，内引脚和外引脚组成引脚，再布线层起到连接内引脚和外引脚的作用；步骤四：进行上芯/压焊工艺，将芯片配置于芯片载体上，通过金属导线实现芯片与引脚的互联；步骤五：进行塑封/塑封后固化工艺，即采用塑封料对芯片和金属导线实现包覆密封，最终形成多圈 QFN 封装产品。

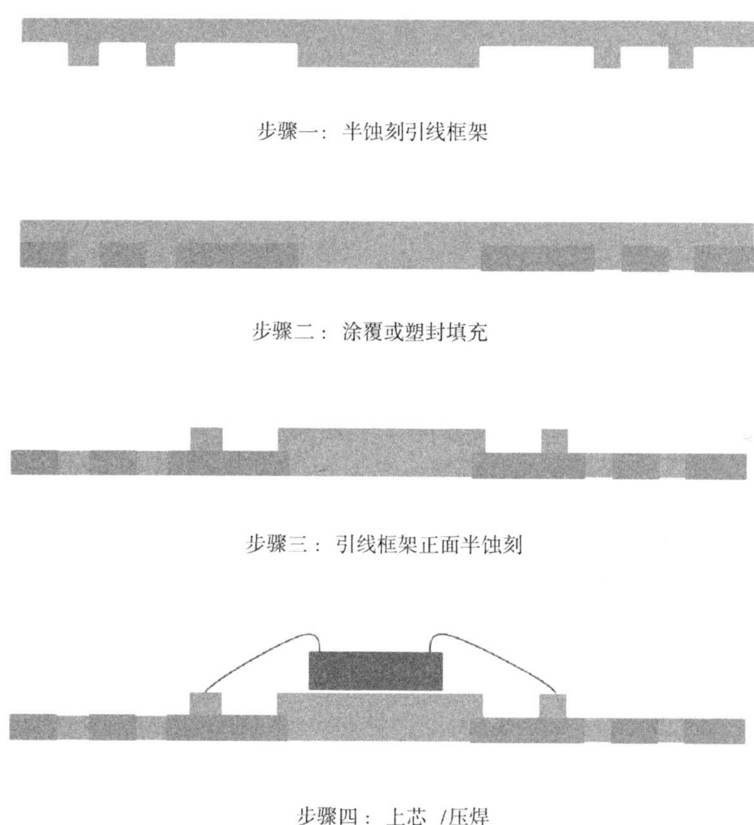

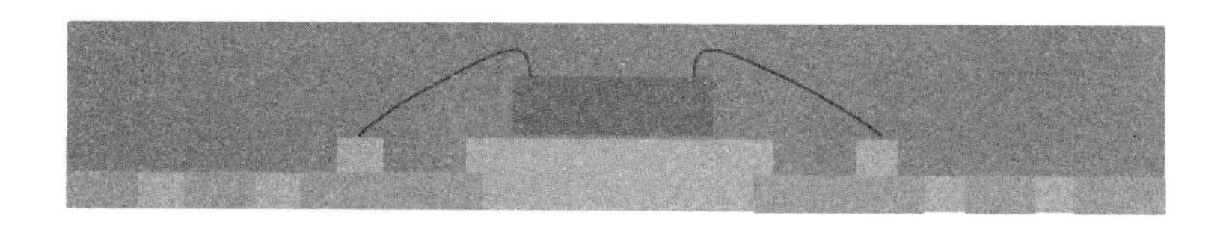

步骤五：塑封 /塑封后固化

图 8－10　多圈 QFN 封装的第四种制造工艺

对于上述图 8－7 和 8－8 所示的多圈 QFN 封装制造工艺，当 I/O 数较高时，引脚需要围绕芯片载体呈多圈排列，外圈引脚距离芯片较远，导致所用金属导线线弧较长，在塑封工艺时容易引起金属导线的冲线和交丝等可制造性与可靠性问题，同时较长的金属导线不利于成本的降低。针对该问题，提出了改进的多圈 QFN 封装制造工艺，即如图 8－9 和图 8－10 所示的第三和第四种制造工艺。由于内引脚距离芯片较近，从而使得所用的金属导线较短，可制造性与可靠性更高。另外，再布线层的存在可使引脚排列更加灵活，I/O 数更高。

在多圈 QFN 封装中，由于芯片载体的存在，I/O 数的增加受到严重制约。为了进一步提升多圈 QFN 封装的 I/O 数，基于本书设计方法，在上述研发的多圈 QFN 封装产品的基础上，提出了一批具有更高 I/O 密度特征的多圈 QFN 封装结构和工艺。在该封装结构，引脚呈面阵列排布，因此称为 AAQFN（Area Array QFN）封装。

图 8－11、图 8－12 和图 8－13 分别为具有面阵列引脚排布的 AAQFN128L、AAQFN256L 和 AAQFN441L 封装。AAQFN128L 封装的尺寸为 10 mm × 10 mm × 0.85 mm，I/O 数为 128。AAQFN256L 封装的尺寸为 15 mm × 15 mm × 0.85 mm，I/O 数为 256。AAQFN441L 封装的尺寸为 13 mm × 13 mm × 0.85 mm，I/O 数为 441。

上述 AAQFN 封装的制造工艺与多圈 QFN 封装的第三、四种制造工艺相似，都通过再布线层实现外引脚的面阵列排列，如图 8－14 所示。

图 8－11　AAQFN128L 封装的结构示意图

图 8－12　AAQFN256L 封装的结构示意图

图 8－13　AAQFN441L 封装的结构示意图

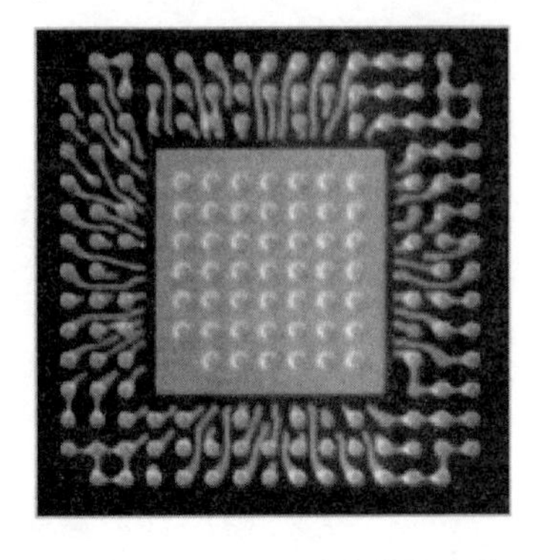

图 8－14　AAQFN 封装的再布线层

针对上述提出的多圈 QFN 封装结构以及具有更高 I/O 密度的 AAQFN 封装结构及其制造工艺。

8.5 本章小结

本章在第4~7章研究的基础上，针对多圈 QFN 封装在整个制造和服役阶段面临的翘曲、界面分层、焊点热疲劳和散热问题，提出了可制造性与可靠性协同设计方法，采用 Pareto 最优原理的多目标优化方法，通过在全域上进行求解，得到提升多圈 QFN 封装可制造性与可靠性的 Pareto 优化解集。基于本书设计方法，提出了一批新型多圈 QFN 封装结构和工艺。

参考文献

[1] TUMMALA R R. Fundamentals of microsystems packaging [M]. Singapore: McGraw-Hill, 2001.

[2] 田民波. 电子封装工程. 清华大学出版社, 2003: 80 - 100.

[3] http://www.amkor.com/go/packaging/all-packages/microleadframeandreg-/microleadframe-mlf--mlp--qfn-quad-flat-no-lead

[4] http://www.statschippac.com/packaging/packaging/wirebond/leadframe/qfns_st.aspx

[5] http://www.aseglobal.com/en/Products/4-1-5-4.asp

[6] http://www.cj-elec.com/Tech/View/24

[7] http://www.htkjxa.com/list.asp? classid = 75

[8] BILL C, HU B, LIN M, LIN T, LEE S, LAI Y S, TSENG A. Advanced QFN packaging for low cost and solution [C] // International Conference on Electronic Packaging Technology & High Density Packaging, 2010, 45 - 49.

[9] HO J. CVQFN package development [C] // Electronics Packaging Technology Conference, 2013, 11 - 14.

[10] TEE T Y, ZHONG Z W. Integrated vapor pressure, hygroswelling, and thermo-mechanical stress modeling of QFN package during reflow with interfacial fracture mechanics analysis [J]. Microelectronics Reliability, 2004, 44: 105 - 114.

[11] KUMAR J, SUNG W Y, KRISHNAN S. Effect of product design and materials on large leadless package reliability [C] // Advanced Packaging Materials Symposium, 2007, 53 - 57.

[12] SYED A, KANG W J. Board level assembly and reliability considerations for QFN type packages [C] // SMTA International, 2003.

[13] CASWELL G, KONG R, TULKOFF C, HILLMAN C. The reliability challenges of QFN packaging [C] // IMAPS Nordic Annual Conference, 2010, 59 - 61.

[14] LAI Y S, CHANG C P H, CHANG C W, TSAI T Y, HUNG S C. Development and performance characterizations of a QFN/HMT package [C] // Electronic Components and Technology Conference, 2008, 964 - 967.

[15] KRONDORFER R, KIM Y K, KIM J. Finite element simulation of package stress in transfer molded MEMS pressure sensors [J]. Microelectronics Reliability, 2004, 4:

1995 -2002.

[16] CHO K, JEON I. Numerical analysis of the warpage problem in TSOP [J] . Microelectronics Reliability, 2004, 44: 621 -626.

[17] EGAN E, KELLY G, O' DONOVAN T, KENNEDY M P. A thermomechanical model for warpage prediction of microelectronic packages [J] . The International Journal of Microcircuits and Electronic Packaging, 2002, 25 (1): 100 -118.

[18] KELLY G, LYDEN C, LAWTON W, BARRETT J. Accurate prediction of PQFP warpage [C] // Electronic Components and Technology Conference, 1994, 102 -106.

[19] TSAI M Y, CHEN Y C, RICKY LEE S W. Correlation between measurement and simulation of thermal warpage in PBGA with consideration of molding compound residual strain [J] . Transactions on Components and Packaging Technologies, 2008, 31 (3): 683 -690.

[20] ZHU W H, LI G, SUN W, CHE F X, SUN A, WANG C K, TAN H B, ZHAO B Z, CHIN N H. Cure shrinkage characterization and its implementation into correlation of warpage between simulation and measurement [C] // International Conference on Thermal, Mechanical and Multi-Physics Simulation Experiments in Microelectronics and Micro-Systems, 2007, 289 -296.

[21] HU G J, LUAN J E, CHEW S. Characterization of chemical cure shrinkage of epoxy molding compound with application to warpage analysis [J] . Journal of Electronic Packaging, 2009, 131 (1): 0110101 -0110106.

[22] JANSEN K M B, DE VREUGD J, ERNST L J. Analytical estimate for curing-induced stress and warpage in coating layers [J] . Journal of Applied Polymer Science, 2012, 126: 1623 -1630.

[23] JANSEN K M B, ÖZTÜRK B. Warpage estimation of a multilayer package including cure shrinkage effects [J] . Transactions on Components, Packaging and Manufacturing Technology, 2013, 3 (3): 459 -466.

[24] SADEGHINIA M, JANSEN K M B, ERNST L J. Characterization and modeling the thermo-mechanical cure-dependent properties of epoxy molding compound [J] . International Journal of Adhesion & Adhesives, 2012, 32: 82 -88.

[25] CHANG Y S, HWANG S J, LEE H H, HUANG D Y. Study of P-V-T-C relation of EMC [J] . Journal of Electronic Packaging, 2002, 124: 371 -373.

[26] TENG S Y, HWANG S J. Predicting the process induced warpage of electronic packages using the P-V-T-C equation and the taguchi method [J] . Microelectronics Reliability, 2007, 47: 2231 -2241.

[27] KIM Y K, PARK I S, CHOI J. Warpage mechanism analyses of strip panel type PB-

GA chip packaging [J]. Microelectronics Reliability, 2010, 50: 398-406.

[28] VREUGD J D, JANSEN K M B, XIAO A, ERNST L J, BOHM C, KESSLER A, PREU H, STECHER M. Advanced viscoelastic material model for predicting warpage of a QFN panel [C] // Electronic Components and Technology Conference, 2008, 1635-1640.

[29] LUAN J E. Integrated methodology for warpage prediction of IC packages [C] // International Electronic Manufacturing Technology, 2006, 143-149.

[30] SHIRANGI M H, WUNDERLE B, WITTLER O. Modeling cure shrinkage and viscoelasticity to enhance the numerical methods for predicting delamination in semiconductor packages [C] // International Conference on Thermal, Mechanical and Multi-Physics Simulation and Experiments in Microelectronics and Microsystems, 2009, 1-8.

[31] VREUGD J D, JANSEN K M B, ERNST L J. Prediction of cure induced warpage of micro-electronic products [J]. Microelectronics Reliability, 2010, 50: 910-916.

[32] CHIU T C, HUANG H W, LAI Y S. Effects of curing and chemical aging on warpage-characterization and simulation [J]. Transactions on Device and Materials Reliability, 2011, 11 (2): 339-348.

[33] CHIU T C, HUANG H W, LAI Y S. Warpage evolution of overmolded ball grid array package during post-mold curing thermal process [J]. Microelectronics Reliability, 2011, 51: 2263-2273.

[34] YANG D G, JANSEN K M B, ERNST L J. Numerical modeling of warpage induced in QFN array molding process [J]. Microelectronics Reliability, 2007, 47: 310-318.

[35] SRIKANTH N. Warpage analysis of epoxy molded packages using viscoelastic based model [J]. Journal of Materials Science, 2006, 41: 3773-3780.

[36] KAIJA K, PEKKANEN V, MANTYSALO M, MANSIKKAMAKI P. Controlling warpage of molded package for inkjet manufacturing [J]. Microelectronic Engineering, 2008, 85: 518-526.

[37] REN C, QIN F, WANG X M. A finite element simulation of PoP assembly processes [C] // International Conference on Electronic Packaging Technology & High Density Packaging, 2010, 112-115.

[38] WU R W, CHEN C K, TSAO L C. Prediction of package warpage combined experimental and simulation for four maps substrate [C] // International Conference on Electronic Packaging Technology & High Density Packaging, 2010, 576-581.

[39] YANG D G, JANSEN K M B, ERNST L J, ZHANG G Q, BEIJER J G J, JANSSEN J H J. Experimental and numerical investigation on warpage of QFN packages induced during the array molding process [C] // International Conference on Electronic Pack-

aging Technology & High Density Packaging, 2005, 94 –98.

[40] BEIJER J G J, JANSSEN J H J, VAN DRIEL W D, JANSEN K M B, YANG D G, ZHANG G Q. Warpage minimization of the HVQFN map mould [C] // International Conference on Thermal, Mechanical and Multiphysics Simulation and Experiments in Micro-Electronics and Micro-Systems, 2005, 168 –174.

[41] YEUNG D T S, YUEN M M F. Warpage of plastic IC packages as a function of processing conditions [J] . Journal of Electronic Packaging, 2001, 123: 268 –272.

[42] GOROLL M, PUFALL R. New aspects in characterization of adhesion of moulding compounds on different surfaces by using a simple button-shear-test method for lifetime prediction of power devices [J] . Microelectronics Reliability, 2010, 50: 1684 –1687.

[43] DURIX L, DRELER M, COUTELLIER D, WUNDERLE B. On the development of a modified button shear specimen to characterize the mixed mode delamination toughness [J] . Engineering Fracture Mechanics, 2012, 84: 25 –40.

[44] NI M Z, LI M, MAO D L. Adhesion improvement of epoxy molding compound-Pd preplated leadframe interface using shaped nickel layers [J] . Microelectronics Reliability, 2012, 52: 206 –211.

[45] VAN DRIEL W D, BRESSERS H K L, JANSSEN J H J, BIELEN J A, YAN X, VAN GILS M A J, STEVENS P M P, HABETS P J J H A, ZHANG G Q, ERNST LJ. Driving mechanisms of delamination related reliability problems in exposed pad packages [J] . Transactions on Components and Packaging Technologies, 2008, 31 (2): 260 –268.

[46] YI S, KIM J K, YUE C Y, HSIEH J H. Bonding strengths at plastic encapsulant gold-plated copper leadframe interface [J] . Microelectronics Reliability, 2000, 40: 1207 –1214.

[47] LEE H Y, PARK Y B, JEON I, KIM Y H, CHANG Y K. Analysis of failure of nanobelt-coated copper-based leadframe/epoxy-based molding compound systems after pull-out test [J] . Materials Science and Engineering A, 2005, 405: 50 –64.

[48] LEE H Y, YU J. Adhesion strength of leadframe/EMC interfaces [J] . Journal of Electronic Materials, 1999, 28 (12): 1444 –1447.

[49] WONG C K Y, YUEN M M F, XU B. Thiol-based self-assembly nanostructures in promoting interfacial adhesion for copper-epoxy joint [J] . Applied Physics Letters, 2009, 94: 2631021 –2631024.

[50] SADEGHINIA M, JANSEN K M B, ERNST L J, PAPE H. Fracture properties of Cu-EMC interfaces at harsh conditions [C] // International Conference on Electronic Packaging Technology & High Density Packaging, 2012, 1172 –1175.

[51] WONG C K Y, FAN H B, YUEN M M F. Interfacial adhesion study for SAM induced covalent bonded copper-EMC interface by molecular dynamics simulation [J] . Transactions on Components and Packaging Technologies, 2008, 31 (2): 297－308.

[52] FAN H B, EDWARD K L, WONG C K Y, YUEN M M F. A multi-scale approach for investigation of interfacial delamination in electronic packages [J] . Microelectronics Reliability, 2010, 50: 893－89.

[53] IWAMOTO N. Molecularly derived mesoscale modeling of an epoxy/Cu interface: Interface roughness [J] . Microelectronics Reliability, 2013, 53: 1101－1110.

[54] ZHANG MS, LEE S W R, FAN X J. Stress analysis of hygrothermal delamination of quad flat no-lead (QFN) packages [C] // International Mechanical Engineering Congress & Exposition, 2008, 1－9.

[55] YANG Y B, ZHANG X R, ZHU W H, TEDDY J C, LIANG Y W, NATHAPONG S, SURASIT C. Reliability design for exposed pad and low-profile leadframe package [C] // International Conference on Electronic Packaging Technology & High Density Packaging, 2010, 643－647.

[56] TAY A A O. Modeling of Interfacial Delamination in plastic IC packages under hygrothermal loading [J] . Journal of Electronic Packaging, 2005, 27: 268－275.

[57] TAY A A O. Fracture mechanics analysis of delamination failures in IC packages [C] // International Symposium on the Physical and Failure Analysis of Integrated Circuits, 2009, 768－775.

[58] KIM G W. Improving the reliability of a plastic IC package in the reflow soldering process by DOE [J] . Soldering & Surface Mount Technology, 2005, 17 (1): 40－48.

[59] KIM D W, KIM S K, BAEK M I. A Study on hygro-mechnical and thermo-mechanical analysis of QFN package using finite element method [J] . The International Society for Optical Engineering, 2003, 5288: 986－991.

[60] LIM B K, POH F K S, CHONG D Y R, KOH S W. Improving the reliability of quad flat no-lead packages through test & structural optimization [C] // Electronics Packaging Technology Conference, 2004, 197－204.

[61] HU G J, ROSSI R, LUAN JE, BARATON X. Interface delamination analysis of TQFP package during solder reflow [J] . Microelectronics Reliability, 2010, 50: 1014－1020.

[62] LAI Y S, WANG T H. Optimal design towards enhancement of board-level thermomechanical reliability of wafer-level chip-scale packages [J] . Microelectronics Reliability, 2007, 47: 104－110.

[63] JONG W R, TSAI H C, CHANG H T, PENG S H. The effects of temperature cyclic

loading on lead-free solder joints of wafer level chip scale package by taguchi method [J] . Journal of Electronic Packaging, 2008, 130: 01100101 -01100110.

[64] TEE T Y, NG H S, YAP D, ZhONG Z W. Comprehensive board-level solder joint reliability modeling and testing of QFN and power QFN packages [J] . Microelectronics Reliability, 2003, 43 (8): 1329 -1338.

[65] VANDEVELDE B, GONZALEZ M, LIMAYE P, RATCHEV P, BEYNE E. Thermal cycling reliability of SnAgCu and SnPb solder joints: a comparison for several IC-packages [J] . Microelectronics Reliability, 2007, 47 (2-3): 259 -265.

[66] DE VRIES J, JANSEN M, VAN D W. Solder-joint reliability of HVQFN-packages subjected to thermal cycling [J] . Microelectronics Reliability, 2009, 49: 331 -339.

[67] WILDE J, ZUKOWSKI E. Comparative sensitivity analysis for μBGA and QFN reliability [C] // International Conference on Thermal, Mechanical and Multi-Physics Simulation Experiments in Microelectronics and Micro-Systems, 2007, 1 -10.

[68] BIRZER C, STOECKL S, SCHUETZ G, FINK M. Reliability investigations of leadless QFN packages until end-of-life with application-specific board-level stress tests [C] // Electronic Components and Technology Conference, 2006, 594 -600.

[69] SUN W, ZHU W H, DANNY R, CHE F X, WANG C K, SUN Y S A, TAN H B. Study on the board-level SMT assembly and solder joint reliability of different QFN packages [C] // International Conference on Thermal, Mechanical and Multi-Physics Simulation Experiments in Microelectronics and Micro-Systems, 2007, 372 -377.

[70] RETUTA D V, LIM B K, TAN H B. Design and process optimization for dual row QFN [C] // Electronic Components and Technology Conference, 2006, 1827 -1835.

[71] ENGLAND L, LIU Y, QIAN R, KIM J H. Solder joint reliability analysis and testing of a dual row QFN package [J] . Journal of SMT Article, 2010, 23 (1): 130 -136.

[72] DIOT J L, LOO K W, MOSCICKI J P, SHENNG H, TEE T Y, TEYSSEYRE J, YAP D. New package for CMOS sensors [J] . The International Society for Optical Engineering, 2004, 5251: 225 -232.

[73] LI L. Reliability modeling and testing of advanced QFN packages [C] // Electronic Components Technology Conference, 2013, 725 -730.

[74] CHEN M W, CHEN E, LAI J Y, WANG Y P. Thermal solutions for multi-chip chip scale packages [C] // International Microsystems, Packaging, Assembly and Circuits Technology Conference, 2008, 274 -277.

[75] CHIRIAC V A, LEE T Y T, HAUSE V. Thermal performance optimization of radio

frequency packages for wireless communication [J]. Journal of Electronic Packaging, 2004, 126: 429-434.

[76] CHIA J, YANG C. Thermal management of QFN 48 package attached to different multi-layers of printed circuit board designs [J]. Advances in Electronic Packaging, 2003, 2: 57-61.

[77] CHANG C L, HSIEH Y Y. Thermal analysis of QFN packages using finite element method [C] // International Conference on Thermal and Mechanical Simulation and Experiments in Microelectronics and Microsystems, 2004, 499-503.

[78] MA Y Y, KRISHNAMOORTHI S, WANG C K, SUN A Y S, ZHU W H, TAN H B. On the thermal characterization of an exposed top quad flat no-lead package [C] // Electronic Packaging Technology Conference, 2006, 810-814.

[79] HOE Y Y G, JIE Y G, RAO V S, RHEE M W D. Modeling and characterization of the thermal performance of advanced packaging materials in the flip-chip BGA and QFN packages [C] // Electronics Packaging Technology Conference, 2012, 525-532.

[80] OCA T M D, JOINER B, KOSCHMIEDER T. Impact of board variables on the thermal performance of a QFN package [C] // Thermomechanical Phenomena in Electronic Systems-Proceedings of the Intersociety Conference, 2002, 512-519.

[81] XU L, REINIKAINEN T, REN W, WANG B P, HAN Z X, AGONAFER D. A simulation-based multi-objective design optimization of electronic packages under thermal cycling and bending [J]. Microelectronics Reliability, 2004, 44 (12): 1977-1983.

[82] BISWAS K, LIU S G, ZHANG X W, CHAI T C. The 1st level & 2nd level solder joint reliability co-design for larger die flip chip package [C] // Electronic Packaging Technology Conference, 2007, 32-36.

[83] DOWHAN L, WYMYSŁOWSKI A, DUDEK R. An approach of numerical multi-objective optimization in stacked packaging [J]. Microelectronics Reliability, 2008, 48: 851-857.

[84] DOWHAN L, WYMYSŁOWSKI A, DUDEK R. Multi-objective decision support system in numerical optimization of modern electronic packaging [J]. Microsystem Technologies, 2009, 15 (12): 1777-1783.

[85] JUNG M, PAN D Z, LIM S K. Chip/Package Co-analysis of thermo-mechanical stress and reliability in TSV-based 3D ICs [C] // Annual Design Automation Conference, 2012, 317-326.

[86] ORE S H, EDITH P S W, ZHU W H, YUAN W L, SUTHIWONGSUNTHORN N. Co-design for thermal performance and mechanical reliability of flip chip devices [C]

// International Conference on Electronic Packaging Technology & High Density Packaging, 2010, 81 -87.

[87] LAI P C, CHIU T C, SHEN G S. Design optimization for wafer level package reliability by using artificial neural network [C] // International Microsystems, Packaging, Assembly and Circuits Technology Conference, 2013, 172 -175.

[88] ANSARI D, HUSAIN A, KIM K Y. Multiobjective pptimization of a grooved micro-channel heat sink [J] . Transactions on Components and Packaging Technologies, 2010, 3 (4): 767 -776.

[89] KANYAKAM S, BUREERAT S. Multiobjective optimization of a pin-fin heat sink using evolutionary algorithms [J] . Journal of Electronic Packaging, 2012, 134: 021008-1-021008-8.

[90] KARAJGIKAR S, AGONAFER D, GHOSE K, AMON C, GAMAL R A. Multi-objective optimization to improve both thermal and device performance of a nonuniformly powered micro-architecture [J] . Journal of Electronic Packaging, 2010, 132: 0210081 -0210088.

[91] MANZIONE L T. Plastic Packaging of Microelectronic Devices [M] . 1990.

[92] SCHUBEL P J, WARRIOR N A. , RUDD C D. Surface quality prediction of thermoset composite structures using geometric simulation tools [J] . Plastics, Rubber and Composites, 2007, 36 (10): 428 -437.

[93] MERAD L, COCHEZ M, MARGUERON S, JAUCHEM F, FERRIOL M, BENYOUCEF B. In-situ monitoring of the curing of epoxy resins by raman spectroscopy [J] . Polymer Testing, 2009, 28 (1): 42 -45.

[94] KAMAL M R, SOUROUR S. Kinetics and thermal characterization of thermoset resin [J] . Polymer Engineering and Science, 1973, 13: 59 -64.

[95] LIU S L, CHEN G. , YONG M S. EMC characterization and process study for electronics packaging [J] . Thin Solid Films, 2004, (462 -463): 454 -458.

[96] HAIDER M, HUBERT P, LESSARD L. Cure shrinkage characterization and modeling of a polyester resin containing low profile additives [J] . Composites Part A: Applied Science and Manufacturing, 2007, 38 (3): 994 -1009.

[97] TAMIL J, ORE S H, GAN K Y, YANG Y B, NG G, WAH P T, SUTHIWONGSUNTHORN N, CHUNGPAIBOONPATANA S. Molding Flow Modeling and Experimental Study on Void Control for Flip Chip Package Panel Molding with Molded Underfill Technology [C] // International Microelectronics Assembly and Packaging Society (IMAPS), 2012: 1 -12.

[98] WILLIAMS M L, LANDEL R F, FERRY J D. The temperature dependence of relaxation mechanisms in amorphous polymers and other glass-forming liquids [J] . Journal

of the American Chemical Society, 1955, 77: 3701 - 3701.

[99] MCNAUGHT A, WILKINSON A. Compendium of chemical terminology [M]. Blackwell Science, 1997.

[100] SIMON S L, MCKENNA G B, SINDT O. Modeling the Evolution of the Dynamic Mechanical Properties of a Commercial Epoxy during Cure after Gelation [J]. Journal of Applied Polymer Scienc, 2000, 76: 495 - 508.

[101] KIASAT M S. Curing shrinkage and residual stress in viscoelastic thermoseting resins and composites. Ph. D. Thesis, 2000, The Delft University of Technology.

[102] ADOLF D B, MARTIN J E. Calculation of stresses in crosslinking polymers [J]. Journal of Composite Materials, 1996, 30: 13 - 34.

[103] ADOLF D B, CHAMBERS R. Verification of the capability for quantitative stress prediction during epoxy cure [J]. Polymer, 1997, 38 (21): 5481 - 5490.

[104] YANG D G, JANSEN K M B, WANG L G, ERNST L J, ZHANG G Q, BRESSERS H J L, FAN X J. Micromechanical Modeling of Stress Evolution Induced During Cure in a Particle-Filled Electronic Packaging Polymer [J]. Transactions on Components and Packaging Technologies, 2004, 27 (4): 676 - 683.

[105] ADOLF D B, MARTIN J E, CHAMBERS R S, BURCHETT S N, GUESS T R. Stresses during thermoset cure [J]. Journal of Materials Research, 1998, 13: 530 - 550.

[106] SIMON S L, MCKENNA G B, SINDT O. Modeling the Evolution of the Dynamic Mechanical Properties of a Commercial Epoxy during Cure after Gelation [J]. Journal of Applied Polymer Science, 2000, 76: 495 - 508.

[107] BOGETTI TA, G JR JW. Process-induced stress and deformation in thicksection thermoset composite laminates [J]. Journal of Composite Materials, 1992, 26 (5): 626 - 660.

[108] KOPLIN C, JAEGER R, HAHNB P. A material model for internal stress of dental composites caused by the curing process [J]. Dental Materials, 2009, 25: 331 - 338.

[109] SADEGHINIA M, JANSEN K M B., EMST L J. Characterization and modeling the thermo-mechanical cure-dependent properties of epoxy molding compound [J]. International Journal of Adhesion & Adhesives, 2012, 32: 82 - 88.

[110] OZTURK B, GROMALA P, OTTO C, FISCHER A, JANSEN K M B., EMST L J. Characterization of Adhesives and Interface Strength for Automotive Applications [C] //. International Conference on Thermal, Mechanical and Multi-Physics Simulation and Experiments in Microelectronics and Microsystems, 2012, 1 - 4.

[111] TSAI M Y, WANG C T, HSU C H. The Effect of Epoxy Molding Compound on

Thermal/Residual Deformations and Stresses in IC Packages during Manufacturing Process [J] . Transactions on Components and Packaging Technologies, 2006, 29 (3): 625 -635.

[112] SRIKANTH N. Warpage analysis of epoxy molded packages using viscoelastic based model [J] . Journal of Materials Science, 2006, 41: 3773 -3780.

[113] VAN DRIEL W D, ZHANG G Q, JANSSEN J H J, ERNST L J , SU F , CHIAN K S, YI S. Prediction and verification of process induced warpage of electronic packages [J] . Microelectronics Reliability, 2003, 43: 765 -774.

[114] KIM Y K, PARK I S, CHOI J. Warpage mechanism analyses of strip panel type PBGA chip packaging [J] . Microelectronics Reliability, 2010, 50: 398 -406.

[115] SCOTT T F, COOK W D, FORSYTHE J S. Effect of the degree of cure on the viscoelastic properties of vinyl ester resins [J] . European Polymer Journal, 2008, 44: 3200 -3212.

[116] CHIU T C, HUANG H W, LAI Y S. Effects of Curing and Chemical Aging on Warpage-Characterization and Simulation [J] . Transactions on Device and Materials Reliability, 2011, 11 (2): 339 -348.

[117] JANSEN K M B, QIAN C, ERNST LJ. Modeling and characterization of molding compound properties during cure [J] . Microelectronics Reliability, 2009, 49: 872 -876.

[118] MEUWISSEN M B H, DE BOER H A, STEIJVERS H L A H, JANSEN K M B, SCHREURS PJG, GEERS MGD. Prediction of mechanical stresses induced by flip-chip underfill encapsulants during cure [J] . International Journal of Adhesion & Adhesives, 2006, 26: 212 -225.

[119] LAU C S, ABDULLAH M Z, ANI F C. Optimization modeling of the cooling stage of reflow soldering process for ball grid array package using the gray-based taguchi method [J] . Microelectronics Reliability, 2012, 52: 1143 -1152.

[120] VAN DRIEL W D, ZHANG G Q, JANSSEN J H J, ERNST L, J. Response surface modeling for nonlinear packaging stresses [J] . Journal of Electronic Packaging, 2003, 125, 490 -497.

[121] ZHANG L, SUBBARAYAN G, HUNTER B C, ROSE D. Response surface models for efficient, modular estimation of solder joint reliability in area array packages [J] . Microelectronics Reliability, 2005, 45: 623 -635.

[122] LEE C C, LEE C C, KU H T, CHANG S M, CHIANG K N. Solder joints layout design and reliability enhancements of wafer level packaging using response surface methodology [J] . Microelectronics Reliability, 2007, 47: 196 -204.

[123] LIN Y J, HWANG S J, LEE H H, HUANG D Y. Modeling of viscoelastic behavior

of an epoxy molding compound during and after curing [J]. Transactions on Components and Packaging Technologies, 2011, 1 (11): 1755 - 1760.

[124] ANAND L. Constitutive equations for hot-working of metals [J]. International Journal of Plasticity, 1985, 1 (3): 213 - 231.

[125] DARVEAUX R. Effect of simulation methodology on solder joint crack growth correlation [C] // Electronic Components and Technology Conference, 2000, 1048 - 1058.

[126] CHEN X, CHEN G, SAKANE M. Prediction of stress-strain relationship with an improved anand constitutive model for lead-free solder Sn-3.5Ag [J]. Transactions on Components and Packaging Technologies, 2005, 28 (1): 111 - 116.

[127] GERSHMAN I, BERNSTEIN J B. Bernstein. Structural health monitoring of solder joints in QFN package [J]. Microelectronics Reliability, 2012, 52: 3011 - 3016.

[128] ENGELMAIER W. Fatigue life of leadless chip carrier solder joints during power cycling [J]. Transactions on Components, Packaging and Manufacturing Technology, 1983, 6 (3): 232 - 237.

[129] NATHAN B, CRAIG H. A comparison of the isothermal fatigue behavior of Sn-Ag-Cu to Sn-Pb solder [C] // IPC-Printed Circuits Expo, Apex, and the Designers Summit, 2006, 848 - 862.

[130] S. P. Timoshenko. Strength of materials. 3rd Ed. Mc Graw Hill Publishers. (New York. 1955).

[131] A. Schubert, R. Dudek, E. Auerswald, A. Gollhardt, B. Michel, H. Reichl. Fatigue Life Models of SnAgCu and SnPb Solder Joints Evaluated by Experiments and Simulations. Electronic Components and Technology Conference, 2003, 603 - 610.

[132] S. Wiese, E. Meusel. Characterization of Lead-Free Solders in Flip Chip Joints. Journal of Electronic Packaging, 2003, 125: 531 - 538.

[133] Qian Zhang, Abhijit Dasgupta, Peter Haswell. Viscoplastic Constitutive Properties and Energy-Partioning Model of Lead-Free Sn3.9Ag0.6Cu Solder Alloy. Electronic Components and Technology Conference, 2003, 1862 - 1868.

[134] W. Sun, W. H. Zhu, R. Danny, F. X. Che, C. K Wang, Anthony Sun, H. B. Tan. Study on the Board-level SMT Assembly and Solder Joint Reliability of Different QFN Packages. IEEE International Conference on Thermal, Mechanical and Multi-Physics Simulation Experiments in Microelectronics and Micro-Systems, 2007, 372 - 377.